Springer-Verlag Wien GmbH

## ERNST MACH
## Wegbereiter der modernen Physik
### Mit ausgewählten Kapiteln aus seinem Werk

Von

**K. D. Heller**

Haifa

Mit 1 Porträt. X, 169 Seiten. Gr.-8°. 1964
Gebunden S 180.—, DM 28.—, $ 7.—

„... Der Autor versteht es, in hervorragender Weise ein Bild vom Menschen und vom Wissenschaftler M a c h zu zeichnen und anhand von Dokumenten und Auszügen aus den Werken zu belegen, ein Lebenswerk, das viel Anerkennung und viel Kritik erfuhr, dessen spezialwissenschaftliche Abhandlungen jedoch ein Stück Geschichte der Naturwissenschaften geworden sind. Mach, ein Bahnbrecher der modernen Physik und der ‚Begründer' des Positivismus, stellt in der Vielfältigkeit seines wissenschaftlichen Werkes und in seinem umspannenden Denken wohl einen der letzten ‚Naturwissenschaftler' im eigentlichen Sinne dar. Er erfährt hier eine ihm gemäße Würdigung."

*Mitteilungen der DGRR*

## SCHRÖDINGER · PLANCK · EINSTEIN · LORENTZ
## Briefe zur Wellenmechanik

Herausgegeben im Auftrage der Österreichischen Akademie der Wissenschaften

von

**K. Przibram**

wirkliches Mitglied der Österreichischen Akademie der Wissenschaften

Mit 4 Porträts. VIII, 68 Seiten. Gr.-8°. 1963.
Gebunden S 60.—, DM 10.—, $ 2.50

„Die Lektüre der vorliegenden Auswahl der Briefe zur Wellenmechanik ist ein Genuß. Es handelt sich um einen Ausschnitt aus der Korrespondenz, die der Begründer der Wellenmechanik vornehmlich im Jahre 1926 mit Planck, Einstein und Lorentz geführt hat. Das Entstehen dieser fruchtbaren Theorie wird in diesen Briefen lebendig..."

*Atomkernenergie*

„... Die Briefe verraten etwas von der Persönlichkeit der großen Physiker, die in dieser Zeit entscheidend am Fortschritt der Physik mitwirkten, zeigen etwas von den inneren Kämpfen, Hoffnungen und Enttäuschungen, die mit der Entstehung der Wellenmechanik verbunden waren...
Das Buch ist eine kleine ‚historische Kostbarkeit' und wird jedem Kollegen, der es in die Hand nimmt, viel Freude machen."

*Der mathematische und naturwissenschaftliche Unterricht*

Zu beziehen durch Ihre Buchhandlung

# JAHRESBERICHTE

des

# SONNBLICK-VEREINS

für die

Jahre 1950 bis 1961

## Heft XLVIII bis LIX

samt alphabetischem Register

1966

Springer-Verlag Wien GmbH

# Register

zu den

## Jahresberichten des Sonnblick-Vereins

für die

### Jahre 1950 bis 1961

---

Adler Norbert, Bergtod des —, Nachruf. **48**, S. 32.
Ammerer Georg, Nachruf auf —. **54—57**, S. 67—68.
Argentinien, Über die meteorologischen Stationen der Kordillere —s. **51—53**, S. 45—55.
Arlt Wilhelm, Ein Beitrag zur Flora des Raurisertales. **51—53**, S. 55—59.
Bauer F., Klimatologie im Dienste der Karstforschung. **54—57**, S. 31—42.
Bergobservatorien, Die Wichtigkeit der — für die Meteorologie der Gegenwart. **48**, S. 4—6.
Binder L., Der Bergtod des Beobachters Georg Rupitsch und seiner Frau am 9. November 1944, ein Nachruf. **48**, S. 31—32. — Bergtod eines verdienten Mitarbeiters, Dir. Norbert Adler. **48**, S. 32. — Lawinentod eines Sonnblickträgers (Andreas Leiner). **48**, S. 32. — Der Sonnblick ruft! Ein Sonnblickbuch von E. J. Bendl. **48**, S. 38. — Viktor Kuzel, ein tragisches Opfer des Sonnblicks, Bericht und Nachruf. **49—50**, S. 61—63. — Georg Ammerer, Nachruf. **54—57**, S. 67—68. — Der Hohe Sonnblick in Rauris. Ein Gemälde vom Maler Thomas Ender. **58—59**, S. 2. — Sonderpostmarke aus Anlaß des 75jährigen Bestandes des Sonnblickobservatoriums. **58—59**, S. 106. — Eine Heimatkunde vom Unterpinzgau, von J. Lahnsteiner. **58—59**, S. 106—107. — Chronik und Sagen des Raurisertales, von R. Kümmert. **58—59**, S. 107.
Binder L. und Inge Dirmhirn, Der Strahlungsmeßturm auf dem Sonnblick. **54—57**, S. 51—56.
Blitzschutz, —Anlage des Sonnblickobservatoriums und der Materialseilbahn. **54—57**, S. 56—57.
Chronik, — und Sagen des Raurisertales. **58—59**, S. 107.
Dirmhirn Inge, Zum Strahlungsklima des Zirbitzkogels. **49—50**, S. 50—55.
Dirmhirn Inge und L. Binder, Der Strahlungsmeßturm auf dem Sonnblick. **54—57**, S. 51—56.
Durig Arnold, Nachruf auf —. **58—59**, S. 105—106.
Eckel O., Nachruf auf Josef Lukesch. **51—53**, S. 71. — Nachruf auf Heinrich Ficker. **54—57**, S. 65—66. — Nachruf auf Walther Schwarzacher. **54—57**, S. 66. — Nachruf auf Franz Sauerer. **54—57**, S. 66—67. — Nachruf auf Arnold Durig. **58—59**, S. 105—106.
Eisablation, Die — auf dem Hintereisferner. **58—59**, S. 34—50.
Ender Th., Der Hohe Goldberg in Rauris. Ein Gemälde von — (1793—1875). **58—59**, S. 2.
Felbertauern, Meteorologische Gesichtspunkte zur Frage der Durchlüftung des geplanten Straßentunnels im —gebiet. **54—57**, S. 42—46.

Flora, Ein Beitrag zur — des Raurisertales. **51—53**, S. 55—59.
Ficker H., Die Wichtigkeit der Bergobservatorien für die Meteorologie der Gegenwart. **48**, S. 4—6. Nachruf auf —. **54—57**, S. 65—66.
Friedrich W., Lawinen im Sonnblickgebiet. **49—50**, S. 33—36. — 75 Jahre Sonnblick-Observatorium, Meteorologische Tagung und Jubiläumsfeierlichkeiten 1961. **58—59**, S. 88—105.
Funktelephon, Ein neues — für das Sonnblickobservatorium. **54—57**, S. 47—51.
Gletscher, Zur Problematik der —schwankungen. **49—50**, S. 37—43. Zum Problem der —bewegung. **49—50**, S. 43—48. Die Eisstände einiger Sonnblick- — und Glockner— im Spätsommer 1952—1953. **49—50**, S. 48—49. detto im Frühherbst 1954, 1955, 1956. **51—53**, S. 33—38. detto von 1957 bis 1959, **54—57**, S. 19—27. detto von 1960 bis 1961. **58—59**, S. 74—82. Die Folgen des Rückganges österreichischer — auf die Wasserspeicherung hochalpiner Kraftwerksanlagen. **51—53**, S. 38—42.
Großglockner, Ergebnisse von Niederschlagsmessungen mittels Totalisatoren im —gebiet. **58—59**, S. 50—63.
Grossmann W. K., Ein neues Funktelephon für das Sonnblickobservatorium. **54—57**, S. 47—51.
Haupt H., Das Sonnenobservatorium Kanzelhöhe der Universität Graz. **54—57**, S. 27—31.
Heimatkunde, Eine — vom Unterpinzgau. **58—59**, S. 106—107.
Hintereisferner, Die Eisablation auf dem —. **58—59**, S. 34—50.
Hochobir, Die Geschichte des meteorologischen Observatoriums auf dem —, 2041 m. **48**, S. 25—30.
Hoinkes H., Neue Niederschlagszahlen aus den zentralen Ötztaler Alpen. **49—50**, S. 19—27. — Über die Schneeumlagerung durch den Wind. **51—53**, S. 27—32.
Holzer R., Phantasie vom Sonnblick, Gedicht. **48**, S. 3—4.
Kanzelhöhe, Das Sonnenobservatorium — der Universität Graz. **54—57**, S. 27—31.
Karstforschung, Klimatologie im Dienste der —. **54—57**, S. 31—42.
Kuzel Viktor, Nachruf auf —. **49—50**, S. 61—63.
Lauscher, F., Totalisatorennetze Österreichs. **54—57**, S. 3—19.
Lautner P., Welche Beziehungen hat heute die höhere Schule zur Meteorologie? **58—59**, S. 85—87.
Lawinen im Sonnblickgebiet. **49—50**, S. 33—36.
Lawinenforschung, Von der schweizerischen Schnee- und Lawinenforschung. **49—50**, S. 33—36.

Lukesch J., Die Geschichte des meteorologischen Observatoriums auf dem Hochobir, 2041 m. **48**, S. 25—30. — Zur Geschichte der Seilbahn auf dem Hohen Sonnblick. **49—50**, S. 4—7. — Nachruf auf —. **51—53**, S. 71.

Mauna Loa, Das —Observatorium. **58—59**, S. 64—67.

Meteorologie, Welche Beziehung hat heute die höhere Schule zur —? **58—59**, S. 85—87.

Mitterecker F. und H. Tollner, Ergebnisse von Niederschlagsmessungen mittels Totalisatoren im Großglocknergebiet. **58—59**, S. 50—63.

Narholz S., Sagen aus dem Raurisertal. **51—53**, S. 59—71.

Niederschlag, Ergänzende Veröffentlichung von —s und Schneepegelbeobachtungen im Sonnblickgebiet. **58—59**, S. 83—85.

Niederschlagsmengen, Die säkularen Änderungen der — in Österreich. **58—59**, S. 5—33.

Niederschlagsmessungen, Ergebnisse von — mittels Totalisatoren im Großglocknergebiet. **58—59**, S. 50—63.

Niederschlagsverhältnisse, — im Gebiet des Rauriser Sonnblicks. **49—50**, S. 13—18.

Niederschlagswahrscheinlichkeit, Der Jahresgang der — auf dem Sonnblick. **48**, S. 18—24.

Niederschlagszahlen, — aus den zentralen Ötztaler Alpen. **49—50**, S. 19—27.

Pales J. C. und S. Price, Das Mauna-Loa-Observatorium. **58—59**, S. 64—67.

Prohaska F., Über die meteorologischen Stationen der Hohen Kordillere Argentiniens. **51—53**, S. 45—55.

Quervain M. de, Von der schweizerischen Schnee- und Lawinenforschung. **49—50**, S. 8—12.

Roller Maria, Schneepegelbeobachtungen im Sonnblickgebiet im Zeitraum 1927—1956. **51—53**, S. 43—45. — Totalisatorenbeobachtungen im Sonnblickgebiet im Zeitraum 1927—1959. **54—57**, S. 58—65. — Ergänzende Veröffentlichung von Niederschlags- und Schneepegelbeobachtungen im Sonnblickgebiet. **58—59**, S. 82—85.

Rudolph R., Die Eisablation auf dem Hintereisferner. **58—59**, S. 34—50.

Rupitsch G., Der Bergtod des Beobachters — und seiner Frau am 9. November 1944, ein Nachruf. **48**, S. 31—32.

Sagen aus dem Raurisertal. **51—53**, S. 59—71. Chronik und — des Raurisertales. **58—59**, S. 107.

Sauberer F., Zur Problematik der Gletscherschwankungen. **49—50**, S. 37—43. Nachruf auf —. **54—57**, S. 66—67.

Schneeforschung, Von der schweizerischen — und Lawinenforschung. **49—50**, S. 8—12.

Schneepegel, —Beobachtungen im Sonnblickgebiet im Zeitraum 1927—1956. **51—53**, S. 43—45. Ergänzende Veröffentlichung von Niederschlags- und —beobachtungen im Sonnblickgebiet. **58—59**, S. 82—85.

Schneeumlagerung, Über die — durch den Wind. **51—53**, S. 27—32.

Schneeverhältnisse, — im Gebiete des Rauriser Sonnblicks. **49—50**, S. 28—32.

Schwarzacher Walther, Nachruf auf —. **54—57**, S. 66.

Sonderpostmarke, — aus Anlaß des 75jährigen Bestandes des Sonnblickobservatoriums. **58—59**, S. 106.

Sonnblick, Ergebnisse der meteorologischen Beobachtungen auf dem —gipfel in den Jahren 1950 bis 1961 in den entsprechenden Jahresberichten. Zur Geschichte der Seilbahn auf dem —. **49—50**, S. 4—7. Niederschlagsverhältnisse im Gebiet des Rauriser —. **49—50**, S. 13—18. Schneeverhältnisse im Gebiet des Rauriser —s. **49—50**, S. 28—32. Lawinen im —gebiet. **49—50**, S. 33—36. Klimatabelle für den —, 1901—1950. **49—50**, S. 56—60. Schneepegelbeobachtungen im —gebiet, im Zeitraum 1927—1956. **51—53**, S. 43—45. Der Strahlungsmeßturm auf dem —. **54—57**, S. 51—56. Blitzschutzanlage. **54—57**, S. 56—57. Totalisatorenbeobachtungen im —gebiet im Zeitraum 1927—1959. **54—57**, S. 58—65.

Sonnblickgletscher, Die — in den Jahren 1938—1951. **48**, S. 6—18. Eisstände einiger — und Glocknergletscher im Spätsommer 1952—1953. **49—50**, S. 48—49. detto im Frühherbst 1954, 1955, 1956. **51—53**, S. 33—38. Verhalten der Gletscher des — und Glocknergebietes von 1957 bis 1959. **54—57**, S. 19—27.

Sonnblickobservatorium, Die Geschichte und Tätigkeit des Sonnblickvereins und des —s von 1939 bis 1950. **48**, S. 33—36. Ein neues Funktelephon für das —. **54—57**, S. 47—51. 75 Jahre — (Jubiläumsfeier September 1961). **58—59**, S. 88—105.

Sonnblickverein, Vereinsnachrichten 1945—1950. **48**, S. 33—36. detto 1951—1961 in den entsprechenden Jahresberichten. Satzungen des — vom 23. Mai 1952. **49—50**, S. 66—67.

Sonnenschein, Die säkularen Änderungen der —dauer in den Ostalpen. **51—53**, S. 3—26.

Steinhauser F., Der Jahresgang der Niederschlagswahrscheinlichkeit auf dem Sonnblick, 3106 m. **48**, S. 18—24. — 50 Jahre meteorologisches Observatorium auf der Zugspitze. **48**, S. 37—38. — Klimatabelle für den Sonnblick, 1901—1950. **49—50**, S. 56—60. — Die säkularen Änderungen der Sonnenscheindauer in den Ostalpen. **51—53**, S. 3—26. — Die säkularen Änderungen der Niederschlagsmengen in Österreich. **58—59**, S. 5—33.

Stelzer F., Die Oberflächengestaltung der Sonnblickgruppe. **58—59**, S. 73—74.

Strahlungsklima, Zum — des Zirbitzkogels. **49—50**, S. 50—55.

Strahlungsmeßturm, Der — auf dem Sonnblick. **54—57**, S. 51—56.

Tollner H., Die Sonnblickgletscher in den Jahren 1938—1951. **48**, S. 6—18. — Niederschlagsverhältnisse im Gebiet des Rauriser Sonnblicks. **49—50**, S. 13—18. — Schneeverhältnisse im Gebiet des Rauriser Sonnblicks. **49—50**, S. 28—32. — Die Eisstände einiger Sonnblick- und Glocknergletscher im Spätsommer 1952—1953. **49—50**, S. 48—49. — detto im Frühherbst 1954, 1955, 1956. **51—53**, S. 33—38. — Die Folgen des Rückganges österreichischer Gletscher auf die Wasserspeicherung hochalpiner Kraftwerksanlagen. **51—53**, S. 38—42. — Das Verhalten der Gletscher des Sonnblick- und Glocknergebietes von 1957 bis 1959. **54—57**, S. 19—27. — Meteorologische Gesichtspunkte zur Frage der Durchlüftung des geplanten Straßentunnels im Felbertauerngebiet. **54—57**, S. 42—46. — Ein Metallsteg über den Abfluß des Großen Goldberggletschers. **54—57**, S. 57—58. — Über den Zustand der Gletscher der Großglocknergruppe und des Sonnblickgebietes im Spätsommer 1960 und 1961. **58—59**, S. 74—82.

Tollner H. und F. Mitterecker, Ergebnisse von Niederschlagsmessungen mittels Totalisatoren im Glocknergebiet. **58—59**, S. 50—63.

Totalisatoren, —Netze Österreichs. **54—57**, S. 3—19. —Beobachtungen im Sonnblickgebiet im Zeitraum 1927—1959. **54—57**, S. 58—65.

Untersteiner N., Zum Problem der Gletscherbewegung. **49—50**, S. 43—48.

Volkskundliches, Sagen aus dem Raurisertal. **51—53**, S. 59—71.

Oben: **Karlingerkees**, aufgenommen am 13. 9. 1964 — Unten: **Schwarzköpfelkees**, aufgenommen am 13. 9. 1964  Photo H. Tollner

# 60.–62. Jahresbericht

des

## Sonnblick-Vereines

## für die Jahre 1962–1964

Geleitet von Prof. Dr. F. Steinhauser

Mit einer ganzseitigen Bildtafel und 31 Abbildungen im Text

Springer-Verlag Wien GmbH

1966

# Inhalt

| | Seite |
|---|---|
| Die Tagesschwankung der Lufttemperatur auf Höhenstationen in allen Erdteilen, von F. Lauscher | 3 |
| Untersuchungen von Boden- und Felstemperaturen auf dem Hohen Sonnblick (3100 m), von W. Mahringer | 17 |
| Beitrag zur Niederschlagsmessung mit Totalisatoren im Hochgebirge, von F. Bauer | 31 |
| Zur Frage von Niederschlagsmessungen mit hangparallelen Gefäß-Auffangflächen im Hochgebirge, von H. Tollner | 47 |
| Die meteorologischen Einrichtungen des Observatoriums auf dem Pic du Midi, von R. Garcia | 53 |
| Über die Veränderungen der Gletscher im Großglockner- und Sonnblickgebiet in den Jahren 1963 und 1964, von H. Tollner | 56 |
| Klara Gailer †, von L. Binder | 64 |
| Vereinsnachrichten | 64 |
| Bericht über die Tätigkeit des Sonnblick-Vereines in den Jahren 1962 bis 1965 | 65 |
| Ergebnisse der meteorologischen Beobachtungen auf dem Sonnblickgipfel (3106,5 m) aus den Jahren 1962 bis 1964 | 66 |

ISBN 978-3-211-80766-8          ISBN 978-3-7091-2278-5 (eBook)
DOI 10.1007/978-3-7091-2278-5

551.524.31
# Die Tagesschwankung der Lufttemperatur auf Höhenstationen in allen Erdteilen

Von Friedrich Lauscher, Wien

Mit 7 Abbildungen

## A. Historischer Überblick über Höhenstationen

a) **Auf Grund der Jahresberichte des Sonnblick-Vereines zusammengestellt.**

In den alten Jahresberichten des Sonnblick-Vereines findet man zahlreiche Artikel über Höhenstationen in Europa und anderen Erdteilen. Insbesondere hat A. v. Obermayer systematisch über Neugründungen und möglichst auch über Ergebnisse der Höhenstationen berichtet. Im historischen Rückblick fällt auf, daß in ältester Zeit vielfach nur Registrierstellen errichtet wurden, welche nur wöchentlich einmal oder noch seltener kontrolliert wurden.

Unsere Bearbeitung umfaßt nur Meßstellen in mehr als 2000 m Seehöhe. Nur vereinzelt wurden Stationen mit geringerer Höhe, namentlich genannt, zu Vergleichszwecken herangezogen. Hingegen wurden systematisch Durchschnittswerte von Stationen zwischen 1000 und 2000 m Seehöhe für großräumige geographische Felder berechnet und den Ergebnissen der „Höhenstationen" gegenübergestellt.

Die folgend genannten Stationen in mehr als 2000 m Höhe wurden in den alten Jahresberichten des Sonnblick-Vereines erwähnt (geordnet nach Erdteilen, innerhalb der Erdteile nach der geographischen Breite bzw. nach Seehöhen. Die Angaben der geographischen Breite und Länge sind nur auf Grade genau. Als Seehöhen sind immer die zuletzt publizierten genannt):

**Europa:** Österreich: 47 N, 13 E: Sonnblick, 3106 m, mit Goldzeche, 2740 m, und Neubau, 2173 m; Hochkönig, 2938 m; Villacheralpe, 2140 m; Jauken, 2072 m; Obir, 2044 m.

Norwegen: Fanaraaken, 62 N, 08 E, 2062 m.

Deutschland: Zugspitze, 47 N, 11 E, 2962 m.

Schweiz: 46 N, 08 E: Jungfraujoch, 3577 m; Tödigipfel, 3623 m; Col Du Geant, 3450 m; Theodulpaß, 3300 m; Faulhorn, 2700 m; Säntis, 2500 m; St. Bernhard, 2476 m.

Italien: Monte Rosa, 46 N, 08 E: Capanna Regina Margherita, 4560 m; Colle d'Olen, 3000 m; Colle di Valdobbia, 2548 m; Ätna, 38 N, 15 E, 2950 m.

Frankreich: Mont Blanc, 46 N, 07 E, 4810 m, mit Bosses du Dromadaire, 4365 m; Pic du Midi de Pigorre, 43 N, 06 E, 2877 m.

Jugoslawien: Bjelasnica, 44 N, 18 E, 2067 m.

Bulgarien: Mussala, 42 N, 24 E, Gipfel 2925 m, und Hütte, 2390 m.

Hiezu kommen folgende 16 **Feldwetterstationen** des ersten Weltkrieges in Höhen von mindestens 2000 m (vor allem in Südtirol): Ortler, 3840 m; Monte Vioz, 3600 m; Care alto, 3460 m; Marmolata, 3200 m; Presenaspitze, 3060 m; Tonalespitze, 2700 m; Cima di Ceremana, 2700 m; Eisenreich, 2660 m; Monte Peralba, 2660 m; Wischberg, 2650 m; Settsaß, 2560 m; Monte Sief, 2430 m; Monte Piano, 2330 m; Col Santo, 2100 m; Monte Stivo, 2060 m; Krn, 2030 m.

**Nordamerika:** Einige genauere Angaben findet man über die Höhenstationen Mt. Whitney, Cal., 36 N, 118 W, 4420 m, mit Lone Pine Canyon, 2500 m; Pikes Peak, Col., 38 N, 105 W, 4311 m; Mt. Rose, Cal., 39 N, 120 W, 3292 m, mit Contact Pass, 2744 m, und Mt. Wilson, Cal., 34 N, 118 W, 2000 m.

Erwähnung finden ferner folgende, gleichfalls nach der Seehöhe geordnete Höhenstationen der USA: Mt. Evans, Col., 4368 m; Mt. Lincoln, Col., 4305 m; Corona, Col., 3538 m; Savage Basin, Col., 3512 m; Mt. San Gorgonio, Cal., 3500 m; Climax, Col., 3460 m; Marshall Pass, Col., 3305 m; Alma, Col., 3139 m; Fairplay, Col., 3016 m; Mt. San Antonio, Cal., 3000 m; Breckenridge, Col., 2906 m; Harveys Ranch, N.M., 2865 m; Kirwin, Wyo., 2800 m; Fox Park, Wyo., 2748 m; Aurora, N.M., 2697 m; Dome Lake, Wyo., 2689 m; Cloudcroft, N.M., 2636 m; Chacon, N.M., 2594 m; Elisabethtown, N.M., 2580 m; Black Lake, N.M., 2544 m; Clarson's Mill, Ariz., 2438 m; Holcomb, Cal., 2377 m; Mt. Bison, Mont., 2208 m; Summit, Cal., 2138 m; Mt. Mitchell, N.C., 2046 m; Clingmans Dome, N.C.-Tenn., 2025 m.

Hiezu kommt noch Blue Mountains Peak, Jamaika, 2262 m.

**Südamerika:** Peru: Chosica, 12 S, 77 W, 2012 m; Huancayo, 12 S, 75 W, 3373 m; nähere und weitere Umgebung von Arequipa, 16 S, 72 W, 2300—2454 m, und zwar El Misti, 5850 m, mit Mt.-Blanc-Hütte, 4784 m, und Tambo del Alto de los Huesos, 4200 m; weiters Chachani, 5080 m; Vincocaya, 4370 m; Puno, 3822 m.

Bolivien: La-Paz-Observatorium, 16 S, 68 W, 3600 m.

Chile: Mt. Montezuma, 23 S, 69 W, 2711 m mit Calama.

Die meisten der genannten Stationen waren Gründungen von Astrophysikern, speziell Sonnenstrahlungsforschern aus den USA.

**Afrika:** Teneriffa: Pico de Teyde, 28 N, 17 W, 3700 m, mit Guajara, 2700 m, und Canadas, 2100 m.

**Asien:** Arabien: Mt. St. Katherine, 28 N, 30 E, 2600 m (Sinai, Gründung der Smithsonian Institution).

Indien: Kodaikanal, 10 N, 78 E, 2343 m.

Selbstverständlich wird es auch in alter Zeit mehr Stationen in Höhen über 2000 m gegeben haben, doch wurde über sie in den Jahresberichten des Sonnblick-Vereines nicht berichtet.

b) Sonstige Quellen

1. Liste des stations climatologiques, Vol. I, Europe, O.M.I., Utrecht 1935.

In dieser Publikation hat die Organisation Météorologique Internationale auf Grund der Meldungen der einzelnen Staaten die geographischen Daten und die Bestandesjahre sämtlicher meteorologischer Stationen vom Beginn der instrumentellen Beobachtungszeit bis inklusive 1933, soferne die Stationen mindestens fünf Jahre lang bestanden, zusammengestellt. Leider stehen uns die Bände für die anderen Erdteile nicht zur Verfügung.

Diese Listen enthalten folgende, unter a) noch nicht genannte Stationen in mehr als 2000 m Höhe:

Schweiz: Julier, 2244 m; St. Gotthard, 2103 m; Bernhardin 2073 m; Pilatus, 2068 m, und Simplon-Hospiz, 2008 m.

Italien: Lago Gabiet (Monte Rosa), 2340 m; Cimone, 2162 m, und Piccolo S. Bernardo, 2180 m.

Rumänien: Casa-Omul, 2509 m.

Jugoslawien: Kredarica, 2515 m.

Kanaren: Izana, 2367 m (neuerdings zu Afrika gerechnet).

2. **Tables of Temperature, relative Humidity and Precipitation for the World**, Part I—V, Meteorological Office, London 1958.

Dieses Werk ist die Hauptquelle der vorliegenden Bearbeitung. Die diesem Werk entnommenen Stationen sind aus den späteren Tabellen ersichtlich.

3. **Archiv der Klimaabteilung der Zentralanstalt für Meteorologie und Geodynamik in Wien.**

Auch die in Betracht kommenden Höhenstationen Österreichs findet man in den nachfolgenden Abschnitten verwertet (Vorarbeiten in „Reisenachrichten aus Österreich, Durchschnittliche tägliche Maximal- und Minimaltemperaturen in ⁰ Celsius", Österreichische Verkehrswerbung, Wien 1964, 8 Blatt, und „Die tägliche Schwankung der Lufttemperatur in Österreich, in Europa und in Afrika", Wetter und Leben, **16,** 1964, 221—227 und 10 Seiten Anhang).

4. **Verzeichnis der synoptischen Stationen** (WMO-Nr. 9, TP 4, Genf 1960).

Eine Reihe neuer Höhenstationen ist dem gegenwärtig gültigen Verzeichnis der synoptischen Stationen zu entnehmen, wobei zu vermuten ist, daß verschiedene bestehende Beobachtungsstellen in dem Verzeichnis nicht aufscheinen. Ein modernes Verzeichnis aller Klimastationen der Erde gibt es unseres Wissens nach nicht.

Nachfolgend sind aus dem synoptischen Verzeichnis alle jene Höhenorte mit Seehöhen von mehr als 2000 m genannt, welche weder in den bisherigen Abschnitten vorkamen, noch in folgenden Hauptteilen der Abhandlung mitverarbeitet werden konnten. Es ist zu hoffen, daß alle diese Höhenstationen nicht nur den vergänglichen Augenblickszwecken dienen, sondern daß ihr Beobachtungsmaterial verarbeitet werden wird.

**Europa:** ČSSR: Lomnicky Stit, 49 N, 20 E, 2638 m; Chopok, 49 N, 20 E, 2012 m.

Bulgarien: Tscherni vrah, 43 N, 23 E, 2295 m; Botev vrah, 43 N, 25 E, 2382 m.

Italien: Pian Rosa, 46 N, 08 E, 3488 m; Colle del Gigante, 46 N, 07 E, 3460 m; Monte Fraiteve, 45 N, 07 E, 2683 m; Monte Grigna, 46 N, 09 E, 2406 m; Campo Imperatore, 42 N, 14 E, 2138 m; Monte Paganella, 46 N, 11 E, 2129 m; Passe Giovo, 47 N, 11 E, 2004 m; Passe Rolle, 46 N, 15 E, 2002 m.

**Nordamerika:** USA: Leadville, 39 N, 106 W, 3096 m; Big Piney, 43 N, 110 W, 2059 m; Grand Canyon, 36 N, 112 W, 2126 m; Rock Springs, 42 N, 109 W, 2056 m; West Yellowstone, 45 N, 111 W, 2033 m.

Mexiko: Zacatecas, 23 N, 103 W, 2612 m; Guanajuato, 21 N, 101 W, 2037 m; Pachuca, 20 N, 99 W, 2435 m; Tulancingo, 20 N, 98 W, 2181 m; Toluca, 19 N, 100 W, 2675 m; Tacubaya, 19 N, 99 W, 2306 m; Tlaxcala, 19 N, 98 W, 2252 m; Puebla, 19 N, 98 W, 2150 m; Las Casas, 17 N, 93 W, 2128 m.

**Südamerika:** Columbien: Sogamoso, 6 N, 73 W, 2377 m; El Paso, 5 N, 76 W, 3264 m; Ipiales, 1 N, 78 W, 2962 m.

Ecuador: Quito-Izobamba, 0 S, 79 W, 3058 m; Quito-M. Sucre, 0 S, 78 W, 2812 m; Tulcan, 1 N, 78 W, 2950 m; Ambato, 1 S, 79 W, 2540 m.

Peru: Chachapoyas, 6 S, 78 W, 2165 m.

Bolivien: Chacaltaya, 16 S, 68 W, 5490 m; La Paz-El Alto, 16 S, 68 W, 4103 m; Cochabamba, 17 S, 66 W, 2570 m; Charana, 17 S, 69 W, 4059 m; Oruro, 18 S, 67 W, 3706 m.

Chile: El Cristo, 33 S, 70 W, 3830 m; Sewell, 34 S, 70 W, 2156 m.

Argentinien: Tres Cruces, 23 S, 66 W, 3980 m; Corrida de Cori, 25 S, 68 W, 5400 m; La Casualidad, 25 S, 68 W, 4092 m; Cristo Redentor, 33 S, 70 W, 3829 m; Puente del Inca, 33 S, 70 W, 2720 m.

**Afrika:** Äthiopien: Adi Caieh, 15 N, 39 E, 2642 m; Quiha, 14 N, 39 E, 2212 m; Gondar, 13 N, 37 E, 2037 m; Debre Marcos, 10 N, 38 E, 2480 m; Gore, 8 N, 36 E, 2005 m, Goba, 7 N, 40 E, 2743 m.

Asien: UdSSR: Naryn, 41 N, 76 E, 2049 m; Tjan-Schan, 42 N, 78 E, 3614 m; Horog, 38 N, 72 E, 2080 m.

Iran: Shahr-Kord, 32 N, 51 E, 2066 m.

Afghanistan: Ghazni, 34 N, 68 E, 2183 m.

Pakistan: Murree, 34 N, 73 E, 2168 m; Kalat, 29 N, 67 E, 2017 m.

Indien: Mussoorie, 30 N, 78 E, 2042 m; Mukteswar, 30 N, 80 E, 2311 m; Ootacamund, 11 N, 77 E, 2249 m.

Kashmir: Gulmarg, 34 N, 74 E, 2655 m.

China: Mt. Alisan, 24 N, 121 E, 2408 m; Mt. Morrison, 24 N, 121 E, 3851 m.

Japan: Fujisan, 35 N, 139 E, 3773 m.

**Antarktis:** Konsomolskaya, 74 S, 90 E, 3420 m; Vostok, 78 S, 107 E, 3420 m; Pole of Inaccessibility, 82 S, 55 E, 3720 m; Amundsen-Scott, 90 S, 2800 m.

Der australische Kontinent und die zu ihm gerechnete Inselwelt hat keine Höhenstation über 2000 m, wohl aber einige interessante Bergstationen, auf welche hier bloß hingewiesen sei: Mt. Hagen (Neuguinea), 6 S, 144 E, 1707 m; Mt. Kosciusko (Australien), 36 S, 148 E, 1529 m; Wamena (West-Irian, Molusken), 4 N, 139 E, 1660 m; Enartali (West-Irian, Molusken), 4 N, 137 E, 1770 m.

Aus besonderen Gründen haben wir hingegen in die Bearbeitung zwei unmittelbar über Wüsten sich erhebende, wenngleich niedrige Stationen, einbezogen: Hail (Arabien), 28 N, 42 E, 971 m; Ernabella (Australien), 26 S, 132 E, 762 m.

Weitere Höhenstationen und Vergleichsorte aus der Packeiszone und der grönländischen Küste findet man im Hauptteil der Arbeit.

Nachstehend sei ein Überblick über die in einer Arbeit namentlich genannten Höhenstationen gegeben:

| Höhen zwischen | 2000 und 3000 | 3000 und 4000 | 4000 und 5000 | über 5000 m | Summe |
|---|---|---|---|---|---|
| Europa | 55 | 14 | 3 | | 72 |
| Nordamerika | 37 | 11 | 4 | | 52 |
| Südamerika | 18 | 13 | 6 | 4 | 41 |
| Afrika | 15 | 1 | | | 16 |
| Asien | 17 | 5 | | | 22 |
| Antarktis | 1 | 3 | | | 4 |
| Summe | 143 | 47 | 13 | 4 | 207 |

Wenn von allen 64 Höhenstationen in Höhen über 3000 m so viel verarbeitet und publiziert worden wäre wie über die Resultate des Sonnblick-Observatoriums, wären unsere weltweiten Kenntnisse über Gebirgsmeteorologie wesentlich reicher.

Die höchsten Stationen sind oder waren: El Misti, Peru, 5850 m, Chacaltaya, Bolivien, 5490 m, Corrida de Cori, Argentinien, 5400 m, und Chachani, Peru, 5080 m; alle in den südamerikanischen Anden gelegen.

In den anderen Erdteilen sind oder waren die höchsten Stationen die folgenden: Europa: Montblanc, 4810 m; Nordamerika: Mt. Whitney, 4420 m; Asien: Mt. Morrison, 3851 m; Antarktis: Pole of Inaccessibility, 3720 m; Afrika: Pico de Teyde, 3700 m; Australien: Enartali, 1770 m.

## B. Material über die Tagesschwankungen der Lufttemperatur auf Höhenstationen

Nächst dem üblichen Maß zur Kennzeichnung der Luftwärme, den monatlichen und jährlichen Durchschnittstemperaturen hat insbesondere C. Troll die Verwendung von Thermoisoplethen zur Veranschaulichung der Tages- und Jahresgänge propagiert und

Tabelle 1. Liste der verwendeten Stationen in Höhen über 2000 m. Geographische Daten und Zahl der für die Durchschnittsberechnung benützten Jahre

| Station | Geogr. Breite | Geogr. Länge | Höhe (m) | Zahl der Jahre |
|---|---|---|---|---|
| **A. Höhen über 3000 m** | | | | |
| 1. Pikes Peak | 39 N | 105 W | 4308 | 15 |
| 2. Lhasa | 30 N | 91 E | 3685 | 7 |
| 3. La Paz | 16 S | 68 W | 3658 | 31 |
| 4. Jungfraujoch | 47 N | 8 E | 3577 | 12 |
| 5. Leh | 34 N | 78 E | 3496 | 23 |
| 6. Testa Grigia | 46 N | 8 E | 3488 | 10 |
| 7. La Quiaca | 22 S | 66 W | 3458 | 23 |
| 8. Jauja | 12 S | 75 W | 3387 | 8 |
| 9. Cuzko | 14 S | 72 W | 3225 | 13 |
| 10. Sonnblick | 47 N | 13 E | 3106 | 30 |
| 11. Eismitte | 71 N | 41 W | 3000 | 1 |
| 11a. Vergleichsstation für Eismitte: Packeiszone | 77 N | 166 E | 0 | 2 |
| 11b. Grönland (Mittel an 3 Stationen an West- und Ostküste) | 78 N | | | 17 |
| **B. Höhen zwischen 2500 und 3000 m** | | | | |
| 12. Yatung | 27 N | 89 E | 2987 | 19 |
| 13. Zugspitze | 47 N | 11 E | 2962 | 30 |
| 14. Hochkönig | 47 N | 13 E | 2938 | 3 |
| 15. Quito | 0 S | 79 W | 2879 | 13 |
| 16. Pic du Midi, Gipfel | 43 N | 0 E | 2860 | 4 |
| 17. Potrerillos | 26 S | 69 W | 2850 | 7 |
| 18. Sucre | 19 S | 65 W | 2848 | 5 |
| 19. Equator | 0 | 36 E | 2762 | 7 |
| 20. Bogota | 5 N | 74 W | 2645 | 10 |
| 21. Cajamarca | 7 S | 78 W | 2640 | 9 |
| 22. Weißfluhjoch | 47 N | 10 E | 2540 | 10 |
| 23. Cuenca | 3 S | 79 W | 2530 | 7 |
| 24. Säntis | 47 N | 9 E | 2500 | 30 |
| **C. Höhen zwischen 2000 und 2500 m** | | | | |
| 25. Addis Abeba | 9 N | 39 E | 2450 | 15 |
| 26. Zirbitzkogel | 47 N | 15 E | 2386 | 5 |
| 27. Pic du Midi, Plantade | 43 N | 0 E | 2366 | 7 |
| 28. Old Glory Mountain | 49 N | 118 W | 2347 | 6 |
| 29. Kodaikanal | 10 N | 78 E | 2343 | 8 |
| 30. Asmara | 15 N | 39 E | 2325 | 9 |
| 31. Mexico City | 19 N | 99 W | 2309 | 7 |
| 32. Gütsch | 47 N | 9 E | 2291 | 10 |
| 33. Hafelekar | 47 N | 11 E | 2288 | 18 |
| 34. Darjeeling | 27 N | 88 E | 2265 | 25 |
| 35. Dessié | 12 N | 40 E | 2256 | 3 |
| 36. Simla | 31 N | 77 E | 2202 | 30 |
| 37. Axum | 14 N | 39 E | 2194 | 2 |
| 38. Villacheralpe | 47 N | 14 E | 2140 | 28 |
| 39. Santa Fé | 36 N | 106 W | 2134 | 54 |
| 40. Tschibinda | 2 S | 29 E | 2115 | 11 |
| 41. Flagstaff | 35 N | 112 W | 2104 | 34 |
| 42. Eldoret | 1 N | 35 E | 2092 | 15 |
| 43. Fanaraaken | 62 N | 8 E | 2062 | 14 |
| 44. Patscherkofel | 47 N | 11 E | 2045 | 10 |
| 45. Obir | 46 N | 15 E | 2044 | 13 |
| 46. Macallé | 14 N | 40 E | 2040 | 3 |
| 47. Mooserboden | 47 N | 13 E | 2036 | 10 |
| 48. Häil | 28 N | 42 E | 971 | 2 |
| 49. Ernabella | 26 S | 132 E | 762 | 7 |

Beispiele aus allen Klimaten zusammengetragen. Auch in die Klimatographie von Österreich (Kapitel Lufttemperatur in der 2. Lieferung, Wien 1960) haben wir drei Musterbeispiele (Retz, Sonnblick und Gasteiner Tal) dieser Darstellungsweise aufgenommen. Doch erfordern Thermoisoplethen langjährige Stundenauswertungen von Registrierungen und sind daher nur von wenigen Orten (etwa 150 auf der ganzen Erde) vorhanden. Auch ist die „periodische Tagesschwankung" der Lufttemperatur nicht unbedingt die klimatisch maßgebliche Größe. In der Packeiszone ist z. B. die periodische Tagesschwankung, das ist die durchschnittliche Differenz zwischen der wärmsten und der kältesten Tagesstunde, mit 1,5° C sehr klein, während die „absolute" (auch „unperiodische" genannt) Tagesschwankung, das ist die Differenz zwischen den Tagesextremen der Temperatur (welche zufolge Witterungswechseln zu den verschiedensten Tageszeiten auftreten können) mit einem Wert von durchschnittlich 4,3° C fast dreimal so groß ist.

Wir haben es uns daher zur Aufgabe gesetzt, möglichst viel Material über die durchschnittlichen täglichen Maxima und Minima der Lufttemperatur und die Differenz beider, die absolute (oder unperiodische) Tagesschwankung aus allen Erdteilen zusammenzutragen, im vorliegenden Falle hauptsächlich von Höhenstationen.

Tabelle 1 enthält eine Liste der insgesamt 47 Stationen in Höhen von über 2000 m, für welche aus der angegebenen Zahl von Jahren Durchschnittswerte der täglichen Maxima und Minima der Lufttemperatur zur Verfügung standen oder berechnet werden konnten. Dies ist nur für rund ein Fünftel aller in unserem Artikel genannten Höhenstationen möglich gewesen. Als höchstgelegene Meßstellen scheint in Tabelle 1 der Pikes Peak, USA, mit einer Höhe von 4308 m auf.

Die zweithöchste Station, Lhasa, liegt in einem relativ schmalen, von hohen Bergen umgebenen West-Ost-Hochtal, und zwar auf einem Südhang. Hochtallage besitzen auch La Paz, Leh, Yatung, Quito, Addis Abeba, Asmara, Axum, Macallé, Mooserboden. Weite Hochtäler oder Hochflächen sind die Lagen von La Quiaca, Jauja, Sucre, Cajamarca, Mexico City, Dessié, Santa Fé, Flagstaff. Hanglage sind wahrscheinlich kennzeichnend für Potrerillos, Darjeeling, Simla, Eldoret. Auf Bergrücken liegen Cuzko, Bogota, Cuenca, Häil, Ernabella. Auf Gipfeln (oder in ähnlicher freier Lage) befinden sich die Höhenstationen Pikes Peak, Jungfraujoch, Testa Grigia[1], Sonnblick, Eismitte, Zugspitze, Hochkönig, Pic-du-Midi-Gipfel, Equator, Weißfluhjoch, Säntis, Zirbitzkogel, Pic-du-Midi-Plantade, Old Glory Mountain, Kostaikanal, Gütsch, Hafelekar, Villacheralpe, Tshibinda, Fanaraaken, Patscherkofel und Obir. Niederung: Packeiszone, Grönlandküste.

Die in Tabelle 4 zusammenfassend nach Gradfeldern verwendeten Vergleichsstationen zwischen 1000 und 2000 m Höhe werden in der vorliegenden Arbeit nicht namentlich genannt. Es sind insgesamt 222 mit folgender Verteilung auf die geographische Breite:

| N 50—60° | 40—50° | 30—40° | 20—30° | 10—20° | 0—10° | S 0—10° | 10—20° | 20—30° | 30—40° |
|---|---|---|---|---|---|---|---|---|---|
| 3 | 57 | 31 | 8 | 10 | 25 | 23 | 38 | 23 | 4 |

(Hierin enthalten sind 30 österreichische Stationen zwischen 1000 und 2000 m Höhe.)

Tabelle 2 bringt die monatlichen und jährlichen Durchschnittswerte der täglichen Maxima (M), der täglichen Minima (m), der als Differenz $S = M - m$ berechneten absoluten Tagesschwankung („nichtperiodische Schwankung"), sowie die Niederschlagsmengen. Die Zahlen für das Jungfraujoch wurden aus Terminablesungen abgeschätzt. Niederschlagsmessungen lagen nicht vor.

---

[1] An dieser Stelle sei Herrn Dr. G. Gensler von der Schweizerischen Meteorologischen Zentralanstalt in Zürich für die Daten der Stationen Testa Grigia, Weißfluhjoch und Gütsch herzlichst gedankt.

Bekanntlich ist die Tagesschwankung der Lufttemperatur vom Tagesgang der Strahlungsbilanz stark abhängig. Es stehen aber von dieser Größe nur wenige Meßstellen zur Verfügung. Die Einstrahlung stünde in Relation zur Himmelsbedeckung mit Wolken. Es wäre daher naheliegend, die Bewölkungsziffern zu Vergleichszwecken heranzuziehen. Doch ist auch die durchschnittliche Bewölkung noch von zu wenigen Orten berechnet bzw. zugänglich publiziert worden. Daher wurde wenigstens die monatliche und jährliche Niederschlagshöhe mitgeteilt, welche in den humiden Klimaten zwar keinen deutlichen Zusammenhang mit dem Bewölkungsgrad zeigt, wohl aber in den semiariden und ariden.

Tabelle 2 enthält die Daten der Stationen mit mehr als 3000 m Höhe, geordnet nach der geographischen Breite, von Nord nach Süd fortschreitend. Tabelle 3 wurde auf die Monate Jänner und Juli sowie auf die Jahresdurchschnittswerte beschränkt. Nicht immer sind die genannten Monate die extremen Zeiten des Jahres. In manchen Fällen wird der Jahreswert nicht dem Durchschnitt aus Januar und Juli gleichkommen, und man wird dies dann als Hinweis auf einen besonderen Jahresgang werten können. Die Tabelle enthält die Daten der Stationen zwischen 2000 und 3000 m Höhe, die Tabelle 4, wie bereits erwähnt, nur noch Mittelwerte für ziemlich große Gradfelder von den in ihnen enthaltenen Stationen zwischen 1000 und 2000 m Höhe.

### C. Diskussion einiger Ergebnisse

#### 1. Stationen über 3000 m.

In Abb. 1 und 2 wurden großzügig zusammengefaßt:

a) „A l p e n g i p f e l" (Gipfel der nördlichen gemäßigten Breiten): Pikes Peak, Jungfraujoch, Sonnblick, Testa Grigia; Durchschnittslage 45° N, 3620 m;

b) H i m a l a y a - H o c h t ä l e r: Leh, Lhasa; Durchschnittslage 32° N, 3590 m;

c) A n d e n - H o c h t ä l e r: Jauja, Zuzko, La Paz, La Quiaca; Durchschnittslage 16° S, 3432 m.

In den A n d e n, in 16° S, ist der Jahresgang der Temperatur natürlich am geringsten, jedoch für die Maxima und die Minima interessanterweise verschieden: einfache Welle der Minima mit Höchstwert im Februar (Regenzeit) und Tiefstwert im Juli (strahlungsärmere Zeit der Südhalbkugel), hingegen Doppelwelle bei den Maxima. In 16° S ist mittags zenitaler Sonnenstand anfangs November und anfangs Februar. Der erste Zenitstand bringt den Höchstwert der Maxima vor Beginn der Regenzeit. Der zweite Zenitstand fällt in die Regenzeit, so daß sich der zweite Höchstwert der Maxima erst im April nach Ende der Regenzeit einstellt. Der Haupttiefstwert der Maxima liegt in der strahlungsärmeren Zeit (Juni), der zweite Tiefstwert der Doppelwelle der Maxima in der Regenzeit (Januar).

In den Hochtälern des H i m a l a y a in 32° N ist der Jahresgang stark ausgebildet. Er zeigt sowohl bei den Maxima als auch bei den Minima eine einfache Welle mit Höchstwerten im Juli und Tiefstwerten im Januar. Eine leichte Depression der Sommerwerte (schon ab Mai bis einschließlich August) — im Zusammenhang mit dem indischen Sommermonsun — ist angedeutet.

Auf den Gipfeln der gemäßigten Breiten („A l p e n" in 45° N) ist der Jahresgang gleichfalls stark entwickelt. Er zeichnet sich durch große Regelmäßigkeit und durch eine leichte Verspätung der Extreme aus (Maximum im August fast gleich hoch wie im Juli, Minimum im Februar fast gleich tief wie im Januar).

Die gegenseitige Lage der Kurvenzüge in Abb. 1 kann zu mancherlei klimatischen Vergleichen benutzt werden.

Abb. 2 bringt in Ergänzung zu Abb. 1 eine Darstellung des Jahresganges der Niederschläge und der Tagesschwankung der Temperatur. Auf den Alpengipfeln ist diese

Tabelle 2. Monatliche und jährliche Durchschnittswerte der in Tabelle 1 unter A genannten Stationen in Höhen über 3000 m, geordnet nach der geographischen Breite

M = Durchschnittliches tägliches Maximum der Lufttemperatur in °C  
m = Durchschnittliches tägliches Minimum der Lufttemperatur in °C  
S = Schwankung (Differenz M — m)  
N = Niederschlag in mm Wasserwert

|  | J | F | M | A | M | J | J | A | S | O | N | D | Jahr |
|---|---|---|---|---|---|---|---|---|---|---|---|---|---|
| 71° N | 11. Eismitte, 3000 m | | | | | | | | | | | | |
| M | −36,1 | −41,1 | −33,9 | −25,6 | −14,4 | −10,6 | −7,2 | −11,7 | −15,6 | −30,6 | −36,1 | −33,3 | −24,7 |
| m | −47,2 | −53,3 | −46,1 | −38,3 | −27,8 | −22,8 | −17,2 | −25,0 | −28,9 | −41,1 | −49,4 | −43,3 | −36,7 |
| S | 11,1 | 12,2 | 12,2 | 12,7 | 13,4 | 12,2 | 10,0 | 13,3 | 13,3 | 10,5 | 13,3 | 10,0 | 12,0 |
| N | 15 | 5 | 8 | 5 | 2 | 2 | 2 | 10 | 8 | 13 | 13 | 25 | 108 |

Vergleichsstation für Eismitte: 11a. Packeiszone, etwa 77 N, 0 m

|  | J | F | M | A | M | J | J | A | S | O | N | D | Jahr |
|---|---|---|---|---|---|---|---|---|---|---|---|---|---|
| M | −30,2 | −26,7 | −28,2 | −19,0 | −10,4 | −0,5 | 1,0 | 0,7 | −4,6 | −11,7 | −21,4 | −26,8 | −14,8 |
| m | −34,4 | −32,8 | −33,6 | −23,0 | −14,4 | −3,2 | −1,2 | −0,8 | −8,5 | −16,8 | −27,2 | −32,2 | −19,0 |
| S | 4,2 | 6,1 | 5,4 | 4,0 | 4,0 | 2,7 | 2,2 | 1,5 | 3,9 | 5,1 | 5,8 | 5,4 | 4,2 |
| N | 3 | 5 | 4 | 3 | 8 | 11 | 17 | 26 | 7 | 6 | 5 | 7 | 102 |

| 47° N | 4. Jungfraujoch, 3577 m | | | | | | | | | | | | |
|---|---|---|---|---|---|---|---|---|---|---|---|---|---|
| M | −12,8 | −12,4 | −10,4 | −7,2 | −4,7 | −1,1 | 0,5 | 1,1 | −0,7 | −4,1 | −8,6 | −11,8 | −6,0 |
| m | −16,6 | −16,1 | −14,1 | −11,3 | −8,2 | −4,9 | −3,1 | −3,3 | −4,2 | −8,1 | −12,6 | −15,9 | −9,9 |
| S | 3,8 | 3,7 | 3,7 | 4,1 | 3,5 | 3,8 | 3,6 | 4,4 | 3,5 | 4,0 | 4,0 | 4,1 | 3,9 |
| N | | | | | | | | | | | | | — |

| 47° N | 10. Sonnblick, 3106 m | | | | | | | | | | | | |
|---|---|---|---|---|---|---|---|---|---|---|---|---|---|
| M | −10,7 | −10,8 | −9,0 | −6,2 | −1,8 | 1,3 | 3,5 | 3,4 | 1,1 | −2,5 | −6,6 | −9,0 | −3,9 |
| m | −15,4 | −15,5 | −13,6 | −10,8 | −6,1 | −3,0 | −0,9 | −0,9 | −2,9 | −6,5 | −10,6 | −13,4 | −8,3 |
| S | 4,7 | 4,7 | 4,6 | 4,6 | 4,3 | 4,3 | 4,4 | 4,3 | 4,0 | 4,0 | 4,0 | 4,4 | 4,4 |
| N | 194 | 201 | 206 | 212 | 209 | 235 | 270 | 247 | 193 | 185 | 153 | 202 | 2507 |

| 46° N | 6. Testa Grigia, Schweiz, 3488 m | | | | | | | | | | | | |
|---|---|---|---|---|---|---|---|---|---|---|---|---|---|
| M | −9,5 | −9,5 | −7,7 | −6,0 | −1,8 | 1,8 | 3,7 | 3,6 | 2,3 | −1,6 | −5,6 | −7,9 | −3,2 |
| m | −15,3 | −15,6 | −13,6 | −11,8 | −8,0 | −4,0 | −2,0 | −1,7 | −2,7 | −6,6 | −10,8 | −13,2 | −8,8 |
| S | 5,8 | 6,1 | 5,9 | 5,8 | 6,2 | 5,8 | 5,7 | 5,3 | 5,0 | 5,0 | 5,2 | 5,3 | 5,6 |
| N | | | | | | | | | | | | | — |

| 39° N | 1. Pikes Peak, 4308 m | | | | | | | | | | | | |
|---|---|---|---|---|---|---|---|---|---|---|---|---|---|
| M | −13,1 | −12,1 | −9,6 | −6,3 | −1,2 | 4,9 | 9,1 | 8,3 | 4,1 | −2,1 | −8,6 | −11,2 | −3,1 |
| m | −20,1 | −19,0 | −17,0 | −14,0 | −8,7 | −3,1 | 1,1 | 0,4 | −3,8 | −9,3 | −15,1 | −17,7 | −10,5 |
| S | 7,0 | 6,9 | 7,4 | 7,7 | 7,5 | 8,0 | 8,0 | 7,9 | 7,9 | 7,2 | 6,5 | 6,5 | 7,4 |
| N | 39 | 35 | 54 | 96 | 94 | 45 | 113 | 100 | 45 | 36 | 44 | 36 | 737 |

| 34° N | 5. Leh, 3496 m | | | | | | | | | | | | |
|---|---|---|---|---|---|---|---|---|---|---|---|---|---|
| M | −1,1 | 0,6 | 7,2 | 13,9 | 16,1 | 20,0 | 25,0 | 23,9 | 21,1 | 15,0 | 8,3 | 2,2 | 12,7 |
| m | −13,3 | −12,2 | −6,1 | −1,1 | 0,6 | 6,7 | 10,0 | 10,0 | 5,6 | −0,6 | −6,7 | −10,6 | −1,5 |
| S | 12,2 | 12,8 | 13,3 | 15,0 | 15,5 | 13,3 | 15,0 | 13,9 | 15,5 | 15,6 | 15,0 | 12,8 | 14,2 |
| N | 10 | 8 | 8 | 5 | 5 | 5 | 13 | 15 | 8 | 2 | 2 | 5 | 86 |

| 30° N | 2. Lhasa, 3685 m | | | | | | | | | | | | |
|---|---|---|---|---|---|---|---|---|---|---|---|---|---|
| M | 6,7 | 8,9 | 11,7 | 15,6 | 19,4 | 23,9 | 23,3 | 22,2 | 21,1 | 16,7 | 12,8 | 8,9 | 15,9 |
| m | −10,0 | −6,7 | −2,2 | 0,6 | 5,0 | 9,4 | 9,4 | 8,9 | 7,2 | 1,1 | −5,0 | −8,9 | 0,7 |
| S | 16,7 | 15,6 | 13,9 | 15,0 | 14,4 | 14,5 | 13,9 | 13,3 | 13,9 | 15,6 | 17,8 | 17,8 | 15,2 |
| N | 2 | 13 | 8 | 5 | 23 | 64 | 122 | 89 | 66 | 13 | 2 | 0 | 407 |

| 12° S | 8. Jauja, 3387 m | | | | | | | | | | | | |
|---|---|---|---|---|---|---|---|---|---|---|---|---|---|
| M | 16,1 | 16,7 | 16,7 | 16,7 | 16,7 | 16,1 | 16,1 | 17,2 | 17,8 | 18,3 | 18,9 | 17,2 | 17,0 |
| m | 8,9 | 9,4 | 8,9 | 8,3 | 7,2 | 6,7 | 5,6 | 6,1 | 7,8 | 8,3 | 8,3 | 8,3 | 7,8 |
| S | 7,2 | 7,3 | 7,8 | 8,4 | 9,5 | 9,4 | 10,5 | 11,1 | 10,0 | 10,0 | 10,6 | 8,9 | 9,2 |
| N | 114 | 112 | 81 | 38 | 15 | 2 | 2 | 2 | 33 | 43 | 53 | 86 | 581 |

| 14° S | 9. Cuzko, 3225 m | | | | | | | | | | | | |
|---|---|---|---|---|---|---|---|---|---|---|---|---|---|
| M | 20,0 | 20,6 | 21,1 | 21,7 | 21,1 | 20,6 | 21,1 | 21,1 | 21,7 | 22,2 | 22,8 | 21,7 | 21,3 |
| m | 7,2 | 7,2 | 6,7 | 4,4 | 1,7 | 0,6 | −0,6 | 1,1 | 4,4 | 6,1 | 6,1 | 6,7 | 4,3 |
| S | 12,8 | 13,4 | 14,4 | 17,3 | 19,4 | 20,0 | 21,7 | 20,0 | 17,3 | 16,1 | 16,7 | 15,0 | 17,0 |
| N | 163 | 150 | 109 | 51 | 15 | 5 | 5 | 10 | 25 | 66 | 76 | 137 | 812 |

*Fortsetzung auf Seite 11*

*Tabelle 2. Fortsetzung*

|  | J | F | M | A | M | J | J | A | S | O | N | D | Jahr |
|---|---|---|---|---|---|---|---|---|---|---|---|---|---|
| 16° S | 3. La Paz, 3658 m | | | | | | | | | | | | |
| M | 17,2 | 17,2 | 17,8 | 18,3 | 17,8 | 16,7 | 16,7 | 17,2 | 17,8 | 18,9 | 19,4 | 18,3 | 17,8 |
| m | 6,1 | 6,1 | 5,6 | 4,4 | 2,8 | 1,1 | 0,6 | 1,7 | 3,3 | 4,4 | 5,6 | 5,6 | 3,9 |
| S | 11,1 | 11,1 | 12,2 | 13,9 | 15,0 | 15,6 | 16,1 | 15,5 | 14,5 | 14,5 | 13,8 | 12,7 | 13,9 |
| N | 114 | 107 | 66 | 33 | 13 | 8 | 10 | 13 | 28 | 41 | 48 | 94 | 575 |
| 22° S | 7. La Quiaca, 3458 m | | | | | | | | | | | | |
| M | 21,1 | 20,6 | 21,1 | 20,6 | 17,2 | 15,6 | 15,6 | 17,8 | 20,0 | 21,7 | 22,8 | 22,2 | 19,7 |
| m | 5,0 | 5,0 | 3,9 | 0,0 | − 5,6 | − 8,9 | − 8,9 | − 6,7 | − 3,3 | 0,0 | 2,8 | 4,4 | − 1,0 |
| S | 16,1 | 15,6 | 17,2 | 20,6 | 22,8 | 24,5 | 24,5 | 24,5 | 23,3 | 21,7 | 20,0 | 17,8 | 20,7 |
| N | 89 | 66 | 46 | 8 | 2 | 0 | 2 | 2 | 2 | 8 | 25 | 69 | 319 |

Tabelle 3. Durchschnittswerte für Januar, Juli und Jahr der in Tabelle 1 unter B und C genannten Stationen in Höhen zwischen 2000 und 3000 m, geordnet nach der geographischen Breite

M = Durchschnittliches tägliches Maximum der Lufttemperatur in °C
m = Durchschnittliches tägliches Minimum der Lufttemperatur in °C
S = Schwankung (Differenz M − m)
N = Niederschlag in mm Wasserwert

| | Januar | | | | Juli | | | | Jahr | | | |
|---|---|---|---|---|---|---|---|---|---|---|---|---|
| | M | m | S | N | M | m | S | N | M | m | S | N |
| 62° N 43. Fanaraaken, 2062 m | − 10,6 | − 15,0 | 4,4 | 96 | 5,6 | − 0,6 | 6,2 | 112 | − 3,3 | − 8,3 | 5,0 | 1166 |
| 49° N 28. Old Glory Mountain, 2347 m | − 9,4 | − 14,4 | 5,0 | 33 | 12,8 | 5,0 | 7,8 | 48 | 1,1 | − 5,0 | 6,1 | 518 |
| 47° N 13. Zugspitze, 2962 m | − 8,3 | − 13,3 | 5,0 | 66 | 4,4 | − 0,6 | 5,0 | 193 | − 2,2 | − 7,2 | 5,0 | 1354 |
| 47° N 14. Hochkönig, 2938 m | − 9,2 | − 14,0 | 4,8 | 75 | 4,7 | 0,2 | 4,5 | 154 | − 2,4 | − 7,2 | 4,8 | 1052 |
| 47° N 22. Weißfluhjoch, 2540 m | − 4,4 | − 11,9 | 7,5 | 97 | 10,2 | 2,8 | 7,4 | 186 | 2,9 | − 4,8 | 7,7 | 1395 |
| 47° N 32. Gütsch, 2291 m | − 4,5 | − 10,6 | 6,1 | − | 10,5 | 4,0 | 6,5 | − | 2,7 | − 3,3 | 6,0 | − |
| 47° N 24. Säntis, 2500 m | − 6,7 | − 11,1 | 4,4 | 224 | 8,3 | 2,8 | 5,5 | 305 | 0,6 | − 4,4 | 5,0 | 2743 |
| 47° N 26. Zirbitzkogel, 2386 m | − 7,8 | − 12,4 | 4,6 | 65 | 8,6 | 3,6 | 5,0 | 183 | 0,2 | − 4,3 | 4,5 | 1226 |
| 47° N 33. Hafelekar, 2288 m | − 5,0 | − 9,6 | 4,6 | 164 | 10,5 | 4,0 | 6,5 | 215 | 2,3 | − 3,0 | 5,3 | 1757 |
| 47° N 38. Villacheralpe, 2140 m | − 5,4 | − 10,2 | 4,8 | 74 | 11,7 | 5,7 | 6,0 | 155 | 2,8 | − 2,3 | 5,1 | 1396 |
| 47° N 44. Patscherkofel, 2045 m | − 3,7 | − 9,1 | 5,4 | 36 | 13,3 | 6,2 | 7,1 | 124 | 4,6 | − 1,2 | 5,8 | 841 |
| 47° N 47. Mooserboden, 2036 m | − 3,4 | − 10,5 | 7,1 | 106 | 12,5 | 5,8 | 6,7 | 246 | 4,7 | − 1,9 | 6,6 | 1789 |
| 46° N 45. Obir, 2044 m | − 5,1 | − 9,6 | 4,5 | 81 | 12,8 | 6,0 | 6,8 | 168 | 3,4 | − 1,9 | 5,3 | 1534 |
| 43° N 16. Pic du Midi, Gipfel, 2860 m | − 3,5 | − 9,8 | 6,3 | 163 | 10,1 | 2,6 | 7,5 | 76 | 2,2 | − 5,4 | 7,6 | 1612 |
| 43° N 27. P. d. M., Plantade, 2366 m | − 1,4 | − 8,0 | 6,6 | 211 | 14,7 | 5,9 | 8,8 | 68 | 5,5 | − 1,6 | 7,1 | 2375 |
| 36° N 39. Santa Fé, 2134 m | 4,4 | − 7,2 | 11,6 | 18 | 26,7 | 13,9 | 12,8 | 61 | 15,6 | 3,3 | 12,3 | 366 |
| 35° N 41. Flagstaff, 2104 m | 5,0 | − 10,0 | 15,0 | 64 | 26,7 | 10,0 | 16,7 | 79 | 15,6 | − 0,6 | 16,2 | 556 |
| 31° N 36. Simla, 2202 m | 8,3 | 2,2 | 6,1 | 61 | 20,6 | 15,6 | 5,0 | 424 | 16,1 | 10,0 | 6,1 | 1577 |
| 28° N 48. Häil, 971 m | 16,7 | 3,9 | 12,8 | 10 | 38,3 | 22,8 | 15,5 | 0 | 28,9 | 13,3 | 15,6 | 99 |
| 27° N 12. Yatung, 2987 m | 7,8 | − 7,8 | 15,6 | 15 | 19,4 | 10,6 | 8,8 | 130 | 14,4 | 1,7 | 12,7 | 876 |
| 27° N 34. Darjeeling, 2265 m | 8,3 | 1,7 | 6,6 | 13 | 18,9 | 14,4 | 4,5 | 798 | 15,0 | 8,3 | 6,7 | 3035 |
| 19° N 31. Mexiko City, 2309 m | 18,9 | 5,6 | 13,3 | 13 | 22,8 | 11,7 | 11,1 | 170 | 22,2 | 9,4 | 12,8 | 747 |
| 15° N 30. Asmara, 2325 m | 23,3 | 6,7 | 16,6 | 2 | 21,7 | 11,7 | 10,0 | 170 | 23,3 | 10,6 | 12,7 | 467 |
| 14° N 37. Axum, 2194 m | 27,8 | 9,4 | 18,4 | 0 | 22,2 | 11,7 | 10,5 | 297 | 26,1 | 11,7 | 14,4 | 947 |
| 14° N 46. Macallé, 2040 m | 26,7 | 7,2 | 19,5 | 2 | 25,6 | 11,1 | 14,5 | 180 | 27,2 | 9,4 | 17,8 | 706 |
| 12° N 35. Dessié, 2256 m | 25,0 | 7,2 | 17,8 | 5 | 27,8 | 12,2 | 15,6 | 284 | 26,7 | 10,6 | 16,1 | 1118 |
| 10° N 29. Kodaikanal, 2343 m | 17,2 | 8,2 | 9,0 | 82 | 17,4 | 11,5 | 5,9 | 116 | 18,3 | 10,7 | 7,6 | 1550 |
| 9° N 25. Addis Abeba, 2450 m | 23,9 | 6,1 | 17,8 | 13 | 20,6 | 10,0 | 10,6 | 279 | 23,3 | 8,3 | 15,0 | 1237 |
| 5° N 20. Bogota, 2645 m | 19,4 | 8,9 | 10,5 | 58 | 17,8 | 10,0 | 7,8 | 51 | 18,9 | 10,0 | 8,9 | 1059 |
| 1° N 42. Eldoret, 2092 m | 26,1 | 8,3 | 17,8 | 18 | 21,7 | 9,4 | 12,3 | 185 | 24,4 | 9,4 | 15,0 | 1029 |
| 0° 19. Equator, 2762 m | 20,0 | 7,8 | 12,2 | 18 | 15,6 | 8,3 | 7,3 | 150 | 18,9 | 8,3 | 10.6 | 1166 |
| 0° S 15. Quito, 2879 m | 22,2 | 7,8 | 14,4 | 99 | 22,2 | 6,7 | 15,5 | 20 | 22,2 | 7,8 | 14,4 | 1115 |
| 2° S 40. Tschibinda, 2115 m | 21,7 | 11,1 | 10,6 | 170 | 20,6 | 8,9 | 11,7 | 33 | 21,1 | 10,6 | 10,5 | 1867 |
| 3° S 23. Cuenca, 2530 m | 20,6 | 10,0 | 10,6 | 51 | 18,3 | 8,3 | 10,0 | 23 | 20,6 | 9,4 | 11,2 | 719 |
| 7° S 21. Cajamarca, 2640 m | 21,7 | 8,9 | 12,8 | 91 | 21,1 | 5,0 | 16,1 | 5 | 21,7 | 7,2 | 14,5 | 716 |
| 19° S 18. Sucre, 2848 m | 17,2 | 8,9 | 8,3 | 185 | 16,1 | 2,8 | 13,3 | 5 | 17,8 | 6,7 | 11,1 | 706 |
| 26° S 17. Potrerillos, 2850 m | 18,3 | 9,4 | 8,9 | 2 | 13,9 | 4,4 | 9,5 | 13 | 16,7 | 7,2 | 9,5 | 56 |
| 26° S 49. Ernabella, 762 m | 33,9 | 19,4 | 14,5 | 41 | 17,2 | 3,3 | 13,9 | 10 | 26,7 | 11,7 | 15,0 | 262 |

Vergleichsstation für Eismitte: Küstenort in 71° N (Mittel aus je 3 Stationen an der West- und Ostküste), 17 m

| 71° N 11b. Grönland, 17 m | − 12,4 | − 19,6 | 7,2 | 32 | 10,0 | 2,9 | 7,1 | 25 | − 2,8 | − 9,7 | 6,9 | 330 |

Tabelle 4. Mittelwerte der Daten analog Tabelle 3 für Gruppen von Stationen zwischen 1000 und 2000 m Höhe, geordnet nach Feldern von je 10° geographischer Breite und 20° geographischer Länge

n = Zahl der Stationen in dem Feld
H (m) = mittlere Höhe der Stationen in Metern
55 N = 50 bis 60° N; 110 W = 100 bis 120° W

| Feld | | n | H (m) | Januar | | | | Juli | | | | Jahr | | | |
|---|---|---|---|---|---|---|---|---|---|---|---|---|---|---|---|
| | | | | M | m | S | N | M | m | S | N | M | m | S | N |
| 55 N | 110 W | 1 | 1079 | − 4,4 | − 16,7 | 12,3 | 13 | 24,4 | 8,3 | 16,1 | 64 | 10,6 | − 3,3 | 13,9 | 424 |
| 55 N | 10 E | 2 | 1384 | − 3,3 | − 8,9 | 5,6 | 109 | 12,2 | 6,7 | 5,5 | 152 | 3,9 | − 1,7 | 5,6 | 1394 |
| 45 N | 110 W | 11 | 1476 | 1,1 | − 10,6 | 11,7 | 27 | 29,2 | 11,4 | 17,8 | 24 | 14,7 | 0,2 | 14,5 | 341 |
| 45 N | 70 W | 1 | 1909 | − 7,2 | − 17,2 | 10,0 | 109 | 13,3 | 6,7 | 6,6 | 262 | 1,7 | − 5,6 | 7,3 | 2088 |
| 45 N | 10 W | 2 | 1095 | 6,7 | − 1,7 | 8,4 | 38 | 26,7 | 12,2 | 14,5 | 28 | 15,6 | 5,0 | 10,6 | 569 |
| 45 N | 10 E | 36 | 1411 | − 0,2 | − 8,1 | 7,9 | 61 | 19,8 | 9,2 | 10,6 | 114 | 9,8 | 0,7 | 9,1 | 996 |
| 45 N | 30 E | 2 | 1294 | − 0,8 | − 8,3 | 7,5 | 37 | 23,1 | 9,7 | 13,4 | 58 | 11,4 | 1,1 | 10,3 | 638 |
| 45 N | 50 E | 2 | 1851 | − 5,3 | − 15,8 | 10,5 | 32 | 25,3 | 10,6 | 14,7 | 43 | 11,4 | − 1,1 | 12,5 | 528 |
| 45 N | 90 E | 1 | 1701 | − 2,2 | − 14,4 | 12,2 | 2 | 30,6 | 16,7 | 13,9 | 13 | 15,0 | 1,7 | 13,3 | 76 |
| 45 N | 110 E | 2 | 1164 | − 11,9 | − 24,7 | 12,8 | 4 | 23,9 | 15,0 | 8,9 | 81 | 7,5 | − 3,9 | 11,4 | 306 |
| 35 N | 110 W | 7 | 1399 | 8,7 | − 5,2 | 13,9 | 35 | 31,7 | 17,2 | 14,5 | 40 | 20,1 | 5,6 | 14,5 | 394 |
| 35 N | 10 W | 9 | 1414 | 11,5 | 0,1 | 11,4 | 78 | 32,6 | 16,3 | 16,3 | 6 | 20 9 | 7,9 | 13,0 | 658 |
| 35 N | 10 E | 2 | 1120 | 9,4 | 0,0 | 9,4 | 47 | 33,1 | 15,8 | 17,3 | 8 | 20,0 | 7,2 | 12,8 | 387 |
| 35 N | 30 E | 1 | 1025 | 3,9 | − 5,0 | 8,9 | 46 | 30,0 | 15,0 | 15,0 | 8 | 17,8 | 4,4 | 13,4 | 328 |
| 35 N | 50 E | 5 | 1578 | 7,7 | − 4,6 | 12,3 | 38 | 35,6 | 17,4 | 18,2 | 2 | 21,9 | 6,4 | 15,5 | 226 |
| 35 N | 70 E | 5 | 1488 | 6,2 | − 4,9 | 11,1 | 48 | 34,3 | 18,3 | 16,0 | 18 | 21,8 | 6,7 | 15,1 | 300 |
| 35 N | 110 E | 1 | 1556 | 0,6 | − 13,9 | 14,5 | 5 | 28,9 | 16,1 | 12,8 | 84 | 15,6 | 2,8 | 12,8 | 358 |
| 35 N | 130 E | 1 | 1006 | 1,7 | − 10,0 | 11,7 | 25 | 24,4 | 15,6 | 8,8 | 188 | 14,4 | 2,8 | 11,6 | 1219 |
| 25 N | 10 E | 2 | 1250 | 19,2 | 5,0 | 14,2 | 6 | 36,1 | 23,3 | 12,8 | 2 | 29,2 | 15,3 | 13,9 | 28 |
| 25 N | 90 E | 3 | 1428 | 16,7 | 3,3 | 13,4 | 15 | 24,8 | 18,5 | 6,3 | 1041 | 22,4 | 12,1 | 10,3 | 4488 |
| 25 N | 110 E | 3 | 1547 | 18,3 | 4,6 | 13,7 | 9 | 27,8 | 18,5 | 9,3 | 158 | 23,9 | 12,2 | 11,7 | 1064 |
| 15 N | 90 W | 3 | 1311 | 23,2 | 12,4 | 10,8 | 57 | 25,2 | 15,9 | 9,3 | 221 | 25,0 | 14,6 | 10,4 | 1877 |
| 15 N | 70 W | 1 | 1042 | 23,9 | 13,3 | 10,6 | 23 | 25,6 | 16,1 | 9,5 | 109 | 25,6 | 15,6 | 10,0 | 833 |
| 15 N | 10 W | 2 | 1464 | 23,3 | 15,0 | 8,3 | 2 | 21,7 | 16,1 | 5,6 | 386 | 23,9 | 16,7 | 7,2 | 1791 |
| 15 N | 10 E | 1 | 1222 | 28,3 | 13,9 | 14,4 | 2 | 25,0 | 17,2 | 7,8 | 323 | 28,3 | 16,7 | 11,6 | 1407 |
| 15 N | 30 E | 1 | 1840 | 27,8 | 8,9 | 18,9 | 2 | 23,3 | 13,9 | 9,4 | 422 | 26,1 | 11,7 | 14,4 | 1316 |
| 15 N | 50 E | 3 | 1546 | 25,4 | 10,4 | 15,0 | 9 | 26,5 | 15,6 | 10,9 | 50 | 26,8 | 13,3 | 13,5 | 510 |
| 5 N | 70 W | 1 | 1641 | 22,8 | 13,3 | 9,5 | 64 | 24,4 | 15,0 | 9,4 | 119 | 23,9 | 15,0 | 8,9 | 1770 |
| 5 N | 10 E | 4 | 1106 | 30,3 | 14,7 | 15,6 | 11 | 26,0 | 16,8 | 9,2 | 260 | 28,1 | 16,2 | 11,9 | 1748 |
| 5 N | 30 E | 15 | 1398 | 28,9 | 14,6 | 14,3 | 27 | 24,8 | 14,4 | 10,4 | 84 | 26,9 | 14,9 | 12,0 | 1178 |
| 5 N | 50 E | 2 | 1267 | 25,8 | 13,1 | 12,7 | 12 | 30,8 | 18,6 | 12,2 | 96 | 29,7 | 17,2 | 12,5 | 500 |
| 5 N | 90 E | 2 | 1542 | 22,5 | 12,2 | 10,3 | 168 | 22,2 | 13,9 | 8,3 | 184 | 23,1 | 13,1 | 10,0 | 2032 |
| 5 N | 110 E | 1 | 1448 | 21,7 | 13,3 | 8,4 | 167 | 22,8 | 12,8 | 10,0 | 122 | 22,2 | 13,3 | 8,9 | 2644 |
| 5 S | 10 E | 2 | 1161 | 27,5 | 16,7 | 10,8 | 104 | 29,4 | 11,9 | 17,5 | 1 | 28,1 | 15,3 | 12,8 | 1420 |
| 5 S | 30 E | 21 | 1441 | 26,6 | 15,1 | 11,5 | 99 | 24,5 | 12,2 | 12,3 | 14 | 26,1 | 14,4 | 11,7 | 960 |
| 15 S | 10 E | 13 | 1400 | 28,0 | 16,2 | 11,8 | 167 | 26,2 | 7,3 | 18,9 | 1 | 28,1 | 13,2 | 14,9 | 1049 |
| 15 S | 30 E | 24 | 1243 | 26,8 | 17,0 | 9,8 | 259 | 24,2 | 8,3 | 15,9 | 8 | 26,9 | 14,0 | 12,9 | 1080 |
| 15 S | 50 E | 1 | 1372 | 26,1 | 16,1 | 10,0 | 300 | 20,0 | 8,9 | 11,1 | 8 | 24,4 | 12,8 | 11,6 | 1356 |
| 25 S | 70 W | 1 | 1178 | 28,3 | 15,0 | 13,3 | 165 | 21,1 | 3,9 | 17,2 | 2 | 24,4 | 10,6 | 13,8 | 706 |
| 25 S | 50 W | 1 | 1095 | 26,1 | 16,1 | 10,0 | 221 | 18,9 | 8,3 | 10,6 | 69 | 22,8 | 12,2 | 10,6 | 1671 |
| 25 S | 10 E | 3 | 1392 | 32,2 | 17,6 | 14,6 | 61 | 21,1 | 4,6 | 16,5 | 2 | 27,6 | 12,1 | 15,5 | 284 |
| 25 S | 30 E | 16 | 1230 | 29,3 | 16,3 | 13,0 | 119 | 20,1 | 2,9 | 17,2 | 7 | 25,7 | 10,7 | 15,0 | 643 |
| 25 S | 50 E | 2 | 1336 | 25,6 | 15,6 | 10,0 | 287 | 19,4 | 7,8 | 11,6 | 16 | 23,6 | 11,9 | 11,7 | 1335 |
| 35 S | 30 E | 4 | 1440 | 28,9 | 11,2 | 17,7 | 43 | 14,4 | − 2,5 | 16,9 | 12 | 22,1 | 5,1 | 17,0 | 381 |

Schwankung ganzjährig fast gleich (Maximum April, Minimum November) und jedenfalls gering. Niederschläge gibt es in allen Monaten; die sommerliche Niederschlagsverstärkung tritt nicht besonders hervor.

In den Hochtälern des Himalaya ist die Tagesschwankung dreimal so groß, doch ohne eindeutige Jahresvariation. Der Höchstwert fällt auf den November, überraschend spät nach dem Ende der Niederschlagszeit, aber noch vor den strahlungsärmsten Jahresabschnitt. Der Tiefstwert im März könnte mit Schneeschmelze zusammenhängen, jener im August jedenfalls mit der Regenzeit.

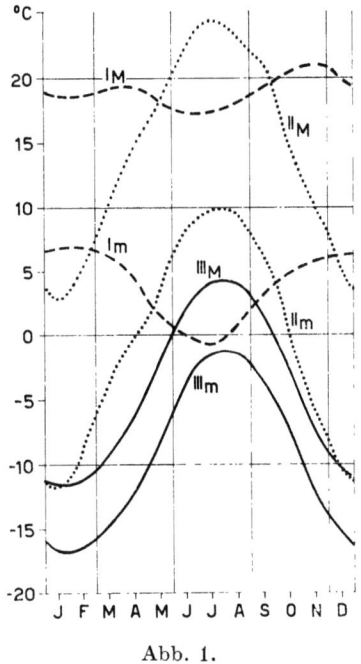
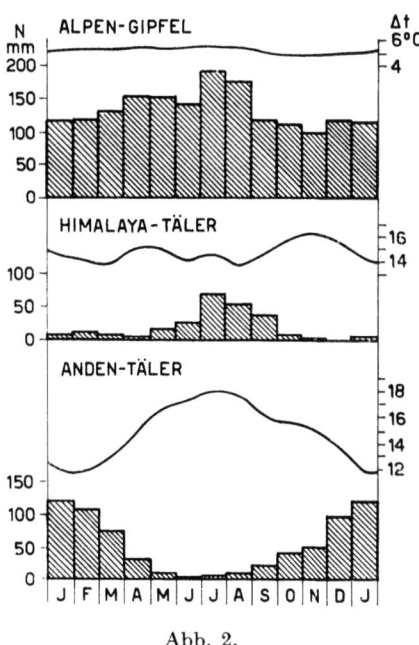

Abb. 1.                                Abb. 2.

Abb. 1. Jahresgang der durchschnittlichen täglichen Maxima (M) und Minima (m) der Lufttemperatur in °C, dargestellt für Stationsgruppen in Höhen über 3000 m: I = Anden-Hochtäler, II = Himalaya-Hochtäler, III = Alpengipfel.

Abb. 2. Jahresgang der durchschnittlichen täglichen Temperaturschwankungen ($\Delta t$ in °C) und der Monatsmengen des Niederschlags (N in mm) für die drei in Abb. 1 genannten Stationsgruppen.

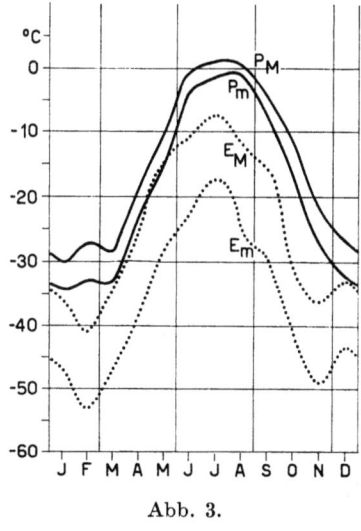
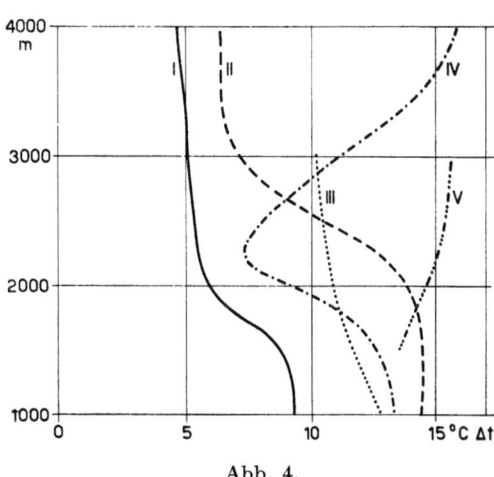

Abb. 3.                                Abb. 4.

Abb. 3. Jahresgang der durchschnittlichen täglichen Maxima (M) und Minima (m) der Lufttemperatur in °C in der Packeiszone (P) und in Eismitte von Grönland (E).

Abb. 4. Abhängigkeit der Durchschnittswerte der täglichen Schwankung der Lufttemperatur ($\Delta t$ in °C) von der Seehöhe (von 1000 bis 4000 m Höhe) für verschiedene Stationsgruppen: I = Alpen, II = USA, III = Äquatoriales Afrika, IV = Himalaya, V = Äthiopien.

In den Hochtälern der Anden in 16° S ist die durchschnittliche Tagesschwankung der Temperatur nur wenig größer als in den Hochtälern des Himalaya. Der zur Niederschlagstätigkeit im wesentlichen inverse Jahresgang der Tagesschwankung ist recht ausgeprägt (Höchstwert im Juli in der Trockenzeit, Tiefstwerte im Januar und Februar — trotz des zenitalen Sonnenstandes anfangs Februar — in der Regenzeit).

d) „Eismitte" in Grönland, 71° N, 3000 m.

Für diese Station sind die Jahresgänge in Abb. 3 dargestellt. Mit eingezeichnet sind die Jahresgänge der Maxima und Minima in der Packeiszone (77° N, 0 m), sowie andeutungsweise die Tagesschwankungen der Temperatur an der Grönlandküste (Mittel aus Ost- und Westküste in 71° N) in den Monaten Januar und Juli.

Nach herkömmlicher Meinung nimmt die Tagesschwankung der Temperatur mit der Höhe ab. In den Eiszonen der Erde ist dies nicht der Fall. Namentlich die „periodische" Tagesschwankung ist am Grunde der ständigen Inversionen der Packeiszone sehr klein (Jänner 0,7° C, Juli 1,0° C). Auch die „aperiodische" Schwankung ist mit einem Jahresdurchschnitt von 4,2° in der Packeiszone noch klein. Die unregelmäßigen Variationen dürften in erster Linie durch Änderungen der Strahlungsbilanz bei Änderungen des Bedeckungszustandes des Himmels verursacht sein.

An den Grönlandküsten ist die aperiodische Tagesschwankung ganzjährig etwa gleichbleibend rund 7°, 3000 m höher, auf dem Rücken des großen Eisschildes jedoch bedeutend größer, nämlich 12° im Jahresdurchschnitt (13,4° im Mai, 10,0° im Juli und Dezember). Luftmassenwechsel und Änderungen der lokalen Strahlungsbilanz können sich offenbar auf den freien Höhen daselbst stärker auswirken als in niedrigen Lagen.

Die klimatische Trägheit der Packeiszone ist natürlich auch in den Jahresgangkurven in Abb. 3 ablesbar: Nach dem „kernlosen" Winter erfolgt der Anstieg so langsam, daß die Kurve der Tagesminima von der Kurve der Tagesmaxima in Eismitte — trotz der um 3 km höheren Lage — im Frühjahr eingeholt wird. Anderseits erfolgt im Herbst der Abfall der Kurven auf Eismitte rascher als in der Packeiszone, die Kurven treten deutlich auseinander, von Unregelmäßigkeiten abgesehen, welche auf die Kürze der Meßreihen zurückzuführen sind.

## 2. Beziehungen zwischen Tagesschwankung der Temperatur und Seehöhe der Meßorte.

Schon im letzten Abschnitt haben wir gesehen, daß sich die Tagesschwankung der Lufttemperatur in Abhängigkeit von der Seehöhe in unerwarteter Weise verhalten kann. Unter Ausnützung des Materials in den Tabellen 2 bis 4 haben wir in Abb. 4 — unter Begrenzung auf den Höhenbereich von 1000 bis 4000 m — die durchschnittliche Beziehung zwischen Tagesschwankung und Höhe für fünf verschiedene Gebiete dargestellt. Der Alpentypus mit Abnahme der Tagesschwankung mit der Höhe ist uns vertraut. Er ist in ähnlicher Weise in den Gebirgen der USA vorhanden, nur sind die Schwankungsbeträge — wegen der größeren Trockenheit — größer, und der freie Gipfelraum beginnt erst in größerer Höhe. Für Indien und die angrenzenden Teile des Himalaya zeigt sich — unter Verwendung der genannten Stationen — eine andersartige Relation mit einer Minimalzone der kleinsten Tagesschwankungen in den niederschlagsreichsten Hangrändern des Himalaya und anschließend starker Zunahme in den Hochtallagen. Sicher würde die Kurve für größere Höhen wieder eine Abnahme bringen. Im äquatorialen Afrika ist die Abnahme der Tagesschwankungen mit der Höhe auch in freien Lagen relativ gering, wohl deshalb, weil über den Niederungen dunstreiche Luft brütet. Für das Bergland Äthiopiens kann man mit einer Zunahme der Tagesschwankung mit der Höhe rechnen, selbst für relativ freie Hochtallagen.

## 3. Beziehungen zwischen Tagesschwankung und geographischer Breite.

Für die Abb. 5 und 7 wurden folgende Gruppenmittel berechnet:

A. Hochtäler, Hochländer.

| | | Tagesschwankung in °C, Jahr | Jahresniederschlag in mm |
|---|---|---|---|
| 1. Anden | 10° S | 16,1 | 707 |
| 2. Äthiopien | 12° N | 15,2 | 895 |
| 3. Nordamerika | 30° N | 13,8 | 556 |
| 4. Himalaya | 32° N | 14,0 | 456 |
| 5. Eismitte | 71° N | 12,0 | 108 |

Niederung:

| | | | |
|---|---|---|---|
| 6. Grönlandküsten | 71° N | 6,9 | 330 |
| 7. Packeiszone | 77° N | 4,2 | 102 |

B. Freie Lagen, Gipfel, Hänge.

| | | Tagesschwankung in °C, Jahr | Jahresniederschlag in mm |
|---|---|---|---|
| 8. Äquatorialafrika | 1° S | 10,6 | 1354 |
| 9. Kodaikanal | 10° N | 7,6 | 1550 |
| 10. Anden | 16° N | 10,0 | 724 |
| 11. Nordindien | 29° N | 6,4 | 2306 |
| 12. Nordamerika | 44° N | 6,6 | 628 |
| 13. Alpen | 47° N | 5,2 | 1600 |
| 14. Fanaraaken | 62° N | 5,0 | 1166 |

In Abb. 5 zeigen sich zwei typische Kurven der Breitenabhängigkeit der Tagesschwankung der Temperatur (Jahresdurchschnitt) von Höhenstationen, die untere (gerade) für die freien Lagen (Gipfel, Hänge usw.) gültig, die obere (gekrümmte) für Tallagen.

## 4. Beziehungen zwischen Tagesschwankung und Niederschlag (als Index für Bewölkung).

Abb. 6 enthält für die drei Stationsgruppen a) bis c) in Höhen von mehr als 3000 m und für je eine Durchschnittsgruppe für die Orte zwischen 2000 und 3000 m (gemäß Tabelle 3) und zwischen 1000 und 2000 m (gemäß Tabelle 4) die Beziehungen zwischen den Monatswerten der Tagesschwankung der Lufttemperatur und den Monatswerten des Niederschlags in mm.

Für die Gruppe Anden-Hochtäler ist eine Jahresschleife eingezeichnet. Die Abhängigkeit tritt klar zutage: Hohe Tagesschwankung in der Trockenzeit (Juli), obwohl diese relativ strahlungsärmer ist, geringste Tagesschwankung in der Regenzeit (Januar). Bei gleicher Monatsmenge ist die Tagesschwankung im „Frühling" der Südhalbkugel (vor der sommerlichen Regenzeit) größer als im „Herbst".

Die Enden der Kurve für die Gruppe Himalaya-Hochtäler wurden nur mit „Winter" und „Sommer" bezeichnet. Um Feinheiten zu erkennen, müßte man einen größeren Maßstab wählen. Man würde dann sehen, daß die trockenen Monate Januar bis März eine besonders kleine Schwankung aufweisen (siehe Abb. 2), die Monate Juli sowie September bis November relativ große im Verhältnis zu den Monaten Mai, Juni und August. Die Abschattung durch die besonders hohen Bergflanken, der Anteil des Schnees am Niederschlag und der Einfluß der Schmelze im Gebirge spielen dabei eine ohne genauere Analyse nicht ganz überschaubare Rolle.

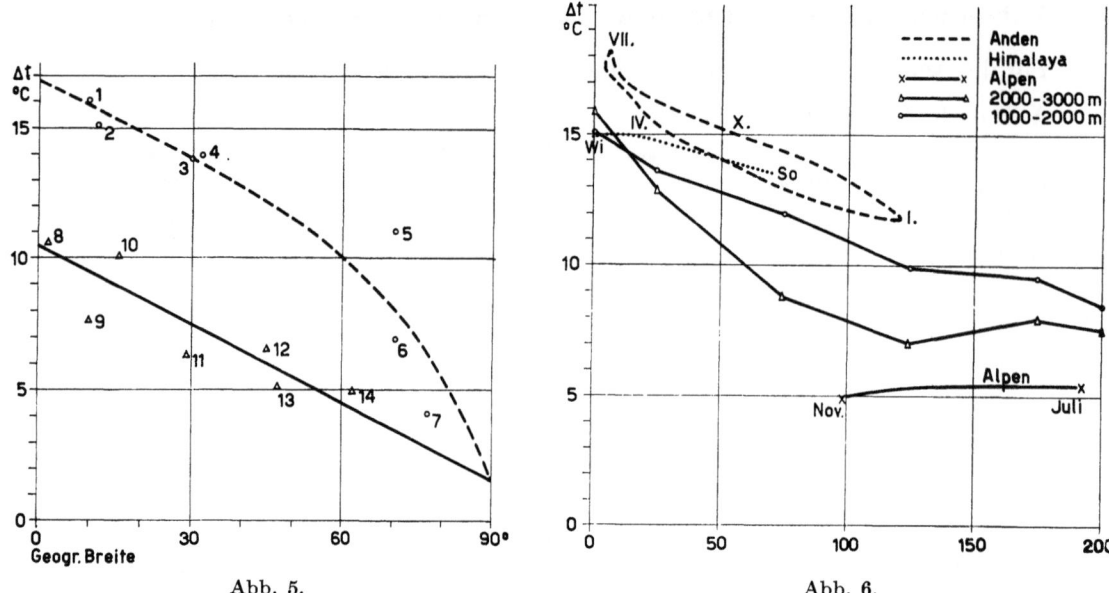

Abb. 5.    Abb. 6.

Abb. 5. Abhängigkeit der täglichen Schwankung der Lufttemperatur ($\Delta t$ in °C) von der geographischen Breite für zwei Gruppen von im Text genannten und mit 1 bis 14 bezifferten Gebieten: 1. Gruppe (Kreise, Gebiete 1 bis 7) = Hochtäler, 2. Gruppe (Dreiecke, Gebiete 8—14) = freie Lagen.

Abb. 6. Beziehungen zwischen der täglichen Schwankung der Lufttemperatur ($\Delta t$ in °C) und den Monatsmengen des Niederschlags für die in der Abbildung angegebenen Regionen. Mit den Dreiecken sind Gruppenmittelwerte von Stationen in allen Zonen zwischen 2000 und 3000 m Höhe bezeichnet, mit den Kreisen solche von Stationen zwischen 1000 und 2000 m Höhe.

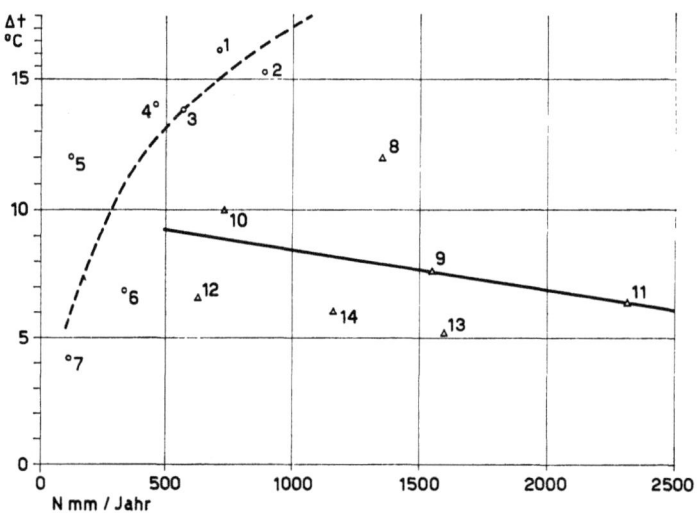

Abb. 7. Abhängigkeit der täglichen Schwankung der Lufttemperatur ($\Delta t$ in °C) für die in Abb. 5 genannten beiden Gruppen und die dort im Text genannten Gebiete von den Jahreswerten der Niederschlagsmenge in Millimetern. Die strichlierte Kurve gilt für Talorte, die voll ausgezogene für freie Lagen.

An den Enden des Linienzugs für die Alpenhochgipfel stehen die Monate November und Juli. Die Tagesschwankung ist in fast allen Monaten gleich. Die Beträge in den Sommermonaten — aber nicht im niederschlagsreichsten Juli — sind ein klein wenig höher als in den Wintermonaten.

In Trockenmonaten spielt die Meereshöhe offenbar keine wesentliche Rolle für die Größe der Tagesschwankung. Die Ortslage ist wesentlicher. Je nasser ein Monat, desto kleiner ist die Tagesschwankung der Temperatur, besonders in höheren, freieren Lagen. Allerdings genügt eine Monatsmenge von etwa 100 bis 150 mm. Exzessive Monatsmengen, selbst jene der Südhänge des Himalaya in der Sommermonsunzeit können die Tagesschwankung der Temperatur auch nicht mehr unter ein Mindestmaß von etwa 5° herabsetzen, weshalb die Abszisse in Abb. 6 nur bis 200 mm Monatsniederschlag gezeichnet wurde.

Die Einzeichnung aller einzelnen Stationen in die Abb. 6 würde verschiedene, bemerkenswerte Einzelheiten zutage bringen, so z. B. die ungewöhnlich hohe Tagesschwankung der Temperatur in äthiopischen Hochtälern selbst in der Regenzeit (etwa Dessié, Juli, 15,6° Tagesschwankung trotz 284 mm Niederschlag, offenbar in heftigsten Einzelgüssen, dazwischen Sonnenschein).

Schließlich sind in Abb. 7 die Tagesschwankungen der Temperatur für die gleichen Stationsgruppen wie in Abb. 5 (Jahresdurchschnittswerte) zu den Jahressummen des Niederschlags in Beziehung gesetzt. Der Zusammenhang kann hier nicht so eng sein wie in Abb. 5, da ja auf die Breitenabhängigkeit der Tagesschwankung nicht Rücksicht genommen ist. Für die Gipfel- und Hanglagen ergibt sich trotzdem ein ähnlicher Zusammenhang wie in Abb. 6: Je größer der Niederschlag, desto kleiner die Tagesschwankung der Temperatur. Die Kurve wurde allerdings erst ab 500 mm Jahresniederschlag eingezeichnet, da kein mit Station besetzter Gipfel eine geringere Jahresmenge hatte.

Ein völlig anderes Bild zeigt die strichlierte, gekrümmte Kurve für die Tal- und Niederungsorte, da hier die höheren Jahresmengen des Niederschlags im allgemeinen mit südlicheren Breiten — und deshalb höheren Tagesschwankungen der Temperatur — Hand in Hand gehen.

Weitere Bearbeitungen werden die Verhältnisse in geringen Seehöhen genauer analysieren und den Verhältnissen der hier vornehmlich untersuchten Höhen nochmals gegenüberstellen.

# Untersuchungen von Boden- und Felstemperaturen auf dem Hohen Sonnblick (3100 m)

Von W. Mahringer, Wien

Mit 10 Textabbildungen

### I. Einleitung

Aus zahlreichen Untersuchungen, die zum Teil bis in das 19. Jahrhundert zurückgehen, sind die charakteristischen Werte der Bodentemperaturen in den Niederungen und mittleren Höhenlagen recht gut bekannt. Eine Zusammenstellung der in Österreich durchgeführten Studien findet man bei O. Eckel (1960). Bedeutend seltener finden sich Angaben aus größeren Seehöhen (so z.B. bei A. Kerner (1871), F. Kerner (1893), F. Kerner (1917), H. Aulitzky (1955), H. Aulitzky (1954), H. Aulitzky (1960), H. Turner (1958), I. Dirmhirn (1953).

Meist handelt es sich bei diesen Untersuchungen um kurze Reihen, die uns ein recht allgemeines Bild über die an diesen extremen Positionen zu erwartenden Temperaturverhältnisse vermitteln. Aus diesem Grund erschienen vor allem längere kontinuierliche

Registrierungen wünschenswert, um die Auswirkung der spezifischen Eigenarten des Hochgebirgsklimas wie zum Beispiel: lang andauernde Schneebedeckung, hohe Einstrahlung, starke Luftbewegung, niedriges Temperaturregime auf die Bodentemperaturen kennenzulernen.

Das meteorologische Observatorium auf dem Sonnblick bot die Möglichkeit, aus 3100 m Seehöhe längere Meßreihen zu gewinnen, aus denen sich im Zusammenhang mit den dort ebenfalls verfügbaren Klima- und Strahlungsdaten ein Bild der Bodentemperaturverhältnisse in dieser spezifischen Gipfellage entwickeln läßt.

Über vorläufige Ergebnisse dieser Studien wurde bereits in zwei Veröffentlichungen berichtet (W. Mahringer, 1960 und 1963). In der folgenden Darlegung soll aus einem Beobachtungsmaterial von zwei Jahren ein etwas eingehenderes Bild entworfen werden.

Bezüglich der näheren Details der Anlage sei auf die oben erwähnten Arbeiten verwiesen.

Die Meßstelle lag 40 m unterhalb des Gipfels auf dem etwa 30° geneigten Südhang des Gipfelaufbaues. Der Untergrund besteht dort aus verschieden großen Gneisplatten, die teils locker übereinanderliegen, teils in sandige Erde eingebettet sind. Zur Registrierung wurden zwei etwa 60 × 60 cm große und 15—20 cm dicke Platten ausgewählt, die fest im Boden verlegt wurden, eine horizontal, die zweite hangparallel gegen Süden.

Die Temperatur wurde mit Widerstandsthermometern an folgenden Punkten registriert:

In 2, 5 und 10 cm Tiefe der etwa 20 cm dicken, horizontalen Steinplatte, in 2 cm Tiefe der hangparallel exponierten Platte und in 2 und 10 (später 70) cm Tiefe in Erdreich. Die drei Meßstellen lagen unmittelbar nebeneinander, so daß die Oberflächen nahezu gleichen Witterungsbedingungen ausgesetzt waren. Aus dieser Wahl der Meßpunkte sollten Aussagen über die Temperaturen in verschiedenen Bodenmaterialien, über die Wirkung verschiedener Exposition sowie über das Eindringen der Wärme in die Tiefe möglich werden.

## II. Ergebnisse

a) Im Durchschnitt aller Tage.

Im Temperaturregime der Bodenoberfläche am Sonnblick unterscheiden sich zwei Perioden sehr deutlich:

1. Die „Winterperiode" mit andauernder geschlossener und relativ mächtiger Schneedecke, die in diesen Höhen im allgemeinen im Oktober einsetzt und bis in die erste Julidekade andauert. Die Schneebedeckung erreicht meist im Mai ihre maximale Mächtigkeit, wobei an der Meßstelle fast 3 m Schneehöhe erreicht wurden.

Tabelle 1. Monatsmitteltemperaturen in Luft und Boden auf dem Sonnblick. Juli 1961 bis Juni 1963

|  | Jän. | Feb. | März | April | Mai | Juni | Juli | Aug. | Sept. | Okt. | Nov. | Dez. | Jahr |
|---|---|---|---|---|---|---|---|---|---|---|---|---|---|
| Luft | −15,0 | −15,0 | −13,3 | −8,2 | −4,8 | −1,2 | 0,0 | 2,4 | 0,6 | −2,5 | −9,0 | −12,7 | −6,56 |
| Stein, horizontal, 5 cm | −8,7 | −9,5 | −8,6 | −6,1 | −2,4 | −0,4 | 2,4 | 6,9 | 4,7 | 0,2 | −4,1 | −6,1 | −2,64 |
| Stein, geneigt, 2 cm | −9,1 | −9,7 | −8,8 | −6,2 | −2,2 | −0,4 | 3,1 | 7,6 | 5,5 | 1,2 | −4,2 | −6,4 | −2,47 |
| Erde, 2 cm | −7,2 | −8,7 | −8,3 | −6,0 | −2,4 | −0,4 | 1,2 | 5,1 | 3,8 | 0,2 | −2,5 | −5,0 | −2,52 |

2. Die „Sommerperiode", die im Hochgebirge durch relativ niedrige Umgebungstemperatur, gelegentlich auftretende Schneebedeckung und hohe Strahlungsumsätze gekennzeichnet ist. Bedingt durch die hohen Einstrahlungsintensitäten tagsüber, die starke nächtliche Ausstrahlung und die zeitweise Schneebedeckung ist die Bodentemperatur

im Sommer sehr starken Schwankungen unterworfen. Im Winter hingegen kommt es im Schutz der mächtigen Schneedecke zu keinen extrem tiefen Temperaturen und oft wochenlang zu keinen merkbaren Temperaturänderungen.

Eine grobe Charakterisierung des Temperaturregimes gibt der Verlauf der Monatsmitteltemperaturen, der in der Tabelle 1 dargestellt ist.

Die Temperaturen im Boden liegen im Monatsmittel ganzjährig höher als die der Luft. Im Winter, wo die größten Unterschiede auftreten, unterscheiden sich die Mittelwerte bis zu 8°, im Sommer bis zu 5° voneinander. Im Jahresmittel liegt die Bodentemperatur bei —2,5°, das ist etwa 4° über der Lufttemperatur. Die „Sommermonate" Juli bis Oktober weisen positive Mittelwerte der Bodentemperatur auf.

Die Daten der drei Meßstellen unterscheiden sich auch im Mittel recht charakteristisch voneinander. Im Sommer und Herbst nimmt der geneigte Stein durch die günstigeren Einstrahlungsbedingungen — die Sonnenstrahlung fällt steiler auf seine Oberfläche auf — im Monatsmittel bis zu 0,8° höhere Temperaturen an als der horizontale Stein. Im Winter liegt die Temperatur des geneigten Steines durch die an dieser Stelle im Durchschnitt etwas geringere Schneebedeckung geringfügig tiefer als an den anderen Meßstellen.

Die Temperatur in 2 cm Tiefe der Erdschicht liegt im Sommer durchwegs niedriger als an den anderen Meßstellen, im Winter meist etwas höher. Die tieferen Sommertemperaturen erklären sich einerseits aus einer temperatursenkenden Wirkung der Verdunstung, andererseits aus der gegenüber den Steinplatten beträchtlich vermehrten Anzahl der Tage mit Schneebedeckung.

In der Tabelle 2 ist die Zahl der Tage mit Schneedecke für die Sommermonate eingetragen.

Tabelle 2. **Zahl der Tage mit ganztägig andauernder Schneedecke an den drei Bodentemperaturmeßstellen auf dem Sonnblick.**

|  | 1961 | | | | 1962 | | | |
|---|---|---|---|---|---|---|---|---|
|  | Juli | Aug. | Sept. | Okt. | Juli | Aug. | Sept. | Okt. |
| Erde............. | (13) | 12 | 3 | 26 | 23 | 0 | 14 | 25 |
| Stein, horizontal ... | (7) | 3 | 1 | 16 | 13 | 0 | 8 | 6 |
| Stein, geneigt...... | (4) | 0 | 0 | 10 | 13 | 0 | 8 | 5 |

Während die Werte für die beiden Steinplatten recht ähnlich sind, ist die Zahl der Tage mit Schneedecke an der Erdfläche stark vermehrt. Die Tatsache, daß auf Medien geringer Wärmeleitfähigkeit Schneedecken länger erhalten bleiben als auf solchen hoher Wärmeleitfähigkeit, fällt auch Bergwanderern häufig auf (vgl. auch Geiger R. 1960). Die während der schneefreien Tage in gut leitenden Böden in hohem Maße gespeicherte Wärme fließt bei Schneebedeckung allmählich wieder zur Oberfläche zurück und schmilzt auch von unten her die Schneedecke ab. Erdboden vermag bedeutend weniger Wärme zu speichern, über der gefrorenen Oberflächenschicht ist ein Abschmelzvorgang nur von oben her möglich.

Neben diesem Faktor dürfte jedoch auch eine etwas größere Schneeablagerung auf der Erdmeßstelle aufgetreten sein, die durch die Formung der unmittelbaren Umgebung bedingt war und oben beschriebenen Effekt noch verstärkte.

Einen umfassenden Überblick über den mittleren Temperaturverlauf im Boden entnehmen wir einer Darstellung der Thermoisopleten der Bodentemperatur im Mittel der Jahre 1961—1963.

In den Monaten Juli, August und September kommt es zu stark ausgeprägten Tagesgängen, es werden noch im Mittel am Nachmittag + 15° (in Einzelfällen + 30°) erreicht, während nachts die Mitteltemperaturen knapp über dem Gefrierpunkt liegen. Gegen den Spätherbst zu nimmt die Tagesamplitude ab, nach dem Einsetzen einer andauernden Schneedecke (meist gegen Ende Oktober) bleiben die Temperaturen ganztägig unter 0°. Die Tagesschwankung nimmt mit zunehmender Mächtigkeit der Schneedecke rasch auf wenige Zehntelgrade ab, während das gesamte Temperaturniveau ziemlich gleichmäßig und nahezu unbeeinflußt von atmosphärischen Wärme- oder Kältewellen weiter absinkt. Im Dezember werden etwa — 6°, im Jänner — 8 bis — 9° und im Februar das Temperaturminimum mit Werten um — 10° erreicht. Je nach der Schneelage ist um diese Zeit die

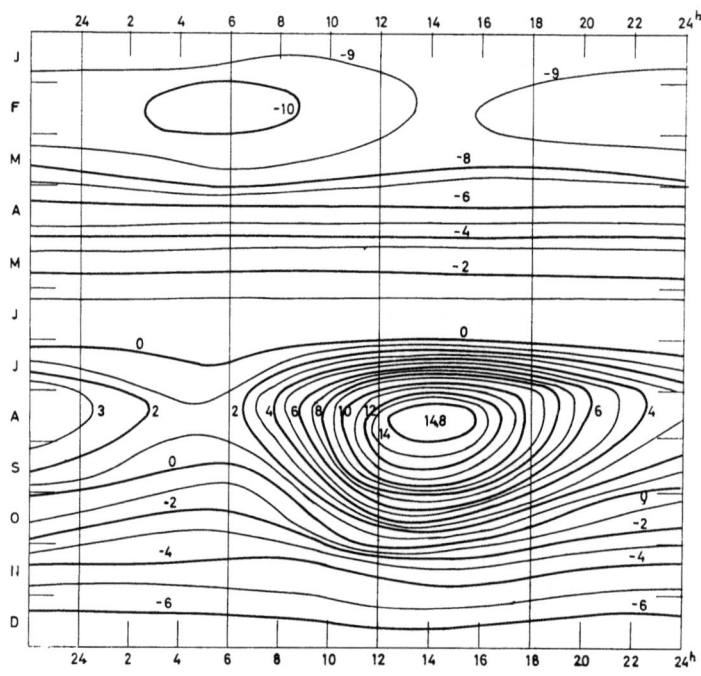

Abb. 1. Isopletendarstellung der mittleren Bodentemperaturen in 2 cm Tiefe in der horizontalen Steinplatte. Juli 1961 bis Juni 1963.

Tagesschwankung der Bodentemperatur nicht oder schwach ausgeprägt. Im Winter 1961/62 bewirkten starke Stürme eine Verfrachtung der Schneedecke an der Meßstelle, und damit konnte bei einer Schneelage von nur wenigen Dezimetern die Winterkälte bedeutend stärker einwirken als etwa im folgenden Jahr.

Ab März folgt ein, zunächst allmählicher Temperaturanstieg, die Tagesschwankung geht nun, bedingt durch die bereits sehr mächtige Schneedecke, auf 0° zurück, Ende April werden im Mittel — 5° überschritten und — meist im Laufe des April oder Mai — werden während einer mehrtägigen Tauperiode durch das Eindringen des Schmelzwassers bis zum Boden sprunghaft 0° erreicht (Abb. 3).

Dieser durch das Schmelzwasser bedingte sprunghafte Temperaturanstieg ist für die Bodentemperaturen an der Meßstelle sehr charakteristisch. Die mehrere Meter dicke Schneedecke schützt somit wohl gegen starkes Absinken der Bodentemperaturen, im Frühjahr jedoch nicht gegen frühzeitige Erwärmung bis auf 0°. Diesen Erwärmungsvorgängen folgt dann eine zumeist mehrere Monate dauernde Periode, in der die Bodentemperaturen nahe 0° liegen und nur sehr geringe Schwankungen aufweisen. Nachfolgende Kältewellen können nicht mehr bis zum Boden vordringen.

Meist in der ersten Julihälfte schmilzt dann die Schneedecke ganz weg und die Bodentemperaturen können nun wiederum sprunghaft ansteigen.

Das Abtauen erfolgt an den einzelnen Meßstellen nicht völlig gleichzeitig. Als erster wird der geneigte Stein schneefrei, bald folgt die horizontale Steinplatte, während die Erdstelle bedeutend länger unter Schnee liegt.

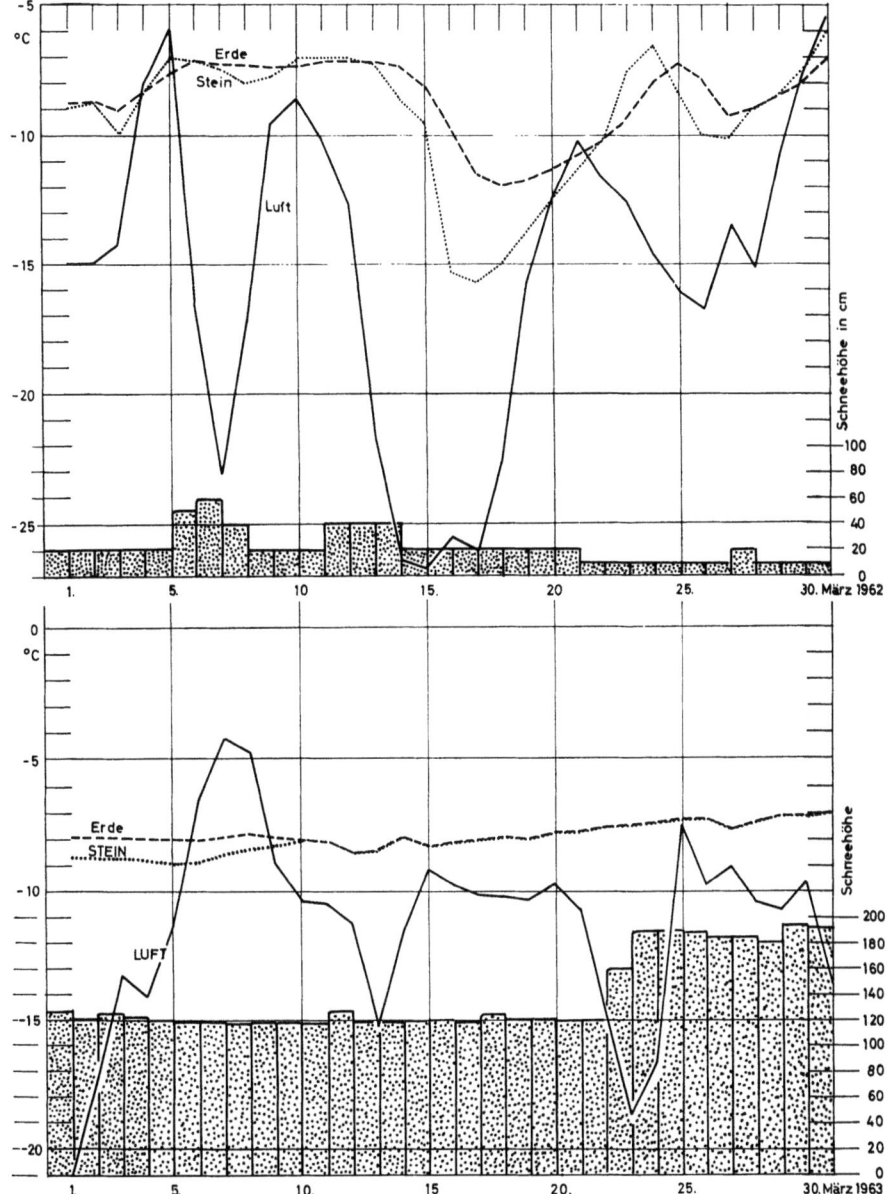

Abb. 2. Verlauf der Tagesmitteltemperaturen in Luft und Boden sowie Schneehöhen im März 1962 (oben) und im März 1963 (unten).

Auch die absoluten und mittleren Extremwerte der Luft- und Bodentemperatur, die für den Untersuchungszeitraum von zwei Jahren in der Tabelle 3 zusammengestellt sind, bringen wichtige Aufschlüsse.

An absoluten Temperaturmaxima wurden in der Luft + 11,9°, im horizontalen Stein hingegen + 29,0°, im geneigten Stein sogar + 32,8° (im August und September) erreicht. Im Boden übersteigen die Temperaturen nur in den Monaten Juli bis Oktober 0°, nur in diesen Monaten können also die für die Verwitterung so bedeutsamen Frostwechseltage auftreten.

Die absoluten Minima erreichten in der Luft —31,6°, im Boden nur in Ausnahmefällen — 20° (im Februar und März 1962, als starke Winde die Meßstelle fast völlig von der

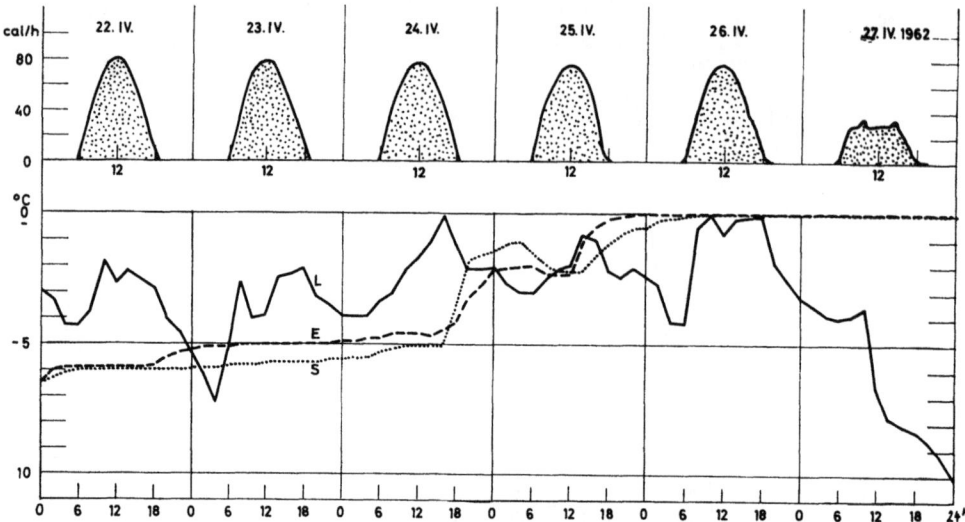

Abb. 3. Temperaturgang im Boden und in der Luft während der Schneeschmelze vom 22. bis 27. April 1962, dazu Angaben über die kurzwellige Einstrahlung. L = Lufttemperatur, E = Erdtemperatur in 2 cm, S = Steintemperatur in 2 cm.

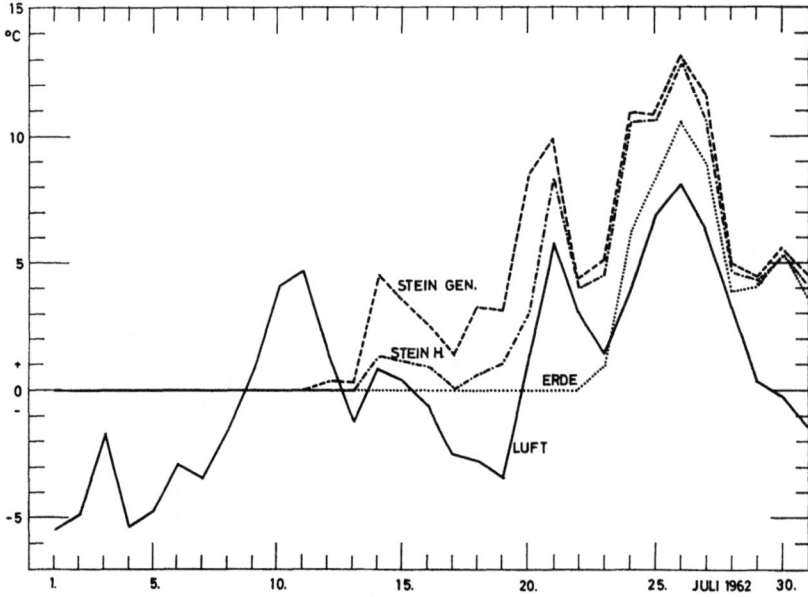

Abb. 4. Verlauf der Tagesmitteltemperaturen in Boden und Luft im Juli 1962.

Winterschneedecke befreiten). In allen Monaten werden Frosttemperaturen erreicht. Die Unterschiede zwischen den Werten in Luft und Boden sind naturgemäß im Winter durch die Schneedecke bedeutend größer als im Sommer.

Die Tabellen über die Tagesschwankungen der Temperatur in Luft und Boden mögen die allgemeinen Betrachtungen beschließen.

Tabelle 3. Absolute und mittlere Extremwerte der Temperaturen in Luft und Boden (2 cm Tiefe) auf dem Sonnblick. Untersuchungszeitraum Juli 1961 bis Juni 1963

|  | Jän. | Feb. | März | April | Mai | Juni | Juli | Aug. | Sept. | Okt. | Nov. | Dez. | Jahr |
|---|---|---|---|---|---|---|---|---|---|---|---|---|---|
| **Abs. Max.** | | | | | | | | | | | | | |
| Luft | − 3,2 | − 5,5 | − 2,7 | 1,9 | 4,4 | 8,9 | 7,9 | 11,2 | 11,9 | 6,2 | 0,4 | − 1,6 | 11,9 |
| Stein, horizontal | − 5,3 | − 4,2 | − 4,1 | 0,0 | 0,0 | 0,0 | 26,7 | 29,0 | 28,1 | 19,2 | 0,0 | − 3,7 | 29,0 |
| Stein, geneigt... | − 3,7 | − 0,2 | − 0,1 | 0,0 | 0,0 | 0,0 | 28,6 | 32,8 | 32,8 | 27,3 | 0,0 | − 1,2 | 32,8 |
| Erde | − 5,3 | − 7,3 | − 6,5 | 0,0 | 0,0 | 0,0 | 15,0 | 26,3 | 28,2 | 16,5 | 0,0 | − 2,8 | 28,2 |
| **Abs. Min.** | | | | | | | | | | | | | |
| Luft | − 31,6 | − 26,2 | − 27,7 | − 18,2 | − 14,8 | − 13,4 | − 7,3 | − 7,4 | − 12,0 | − 12,8 | − 20,1 | − 29,1 | − 31,6 |
| Stein, horizontal | − 16,6 | − 17,6 | − 16,8 | − 8,4 | − 6,0 | − 2,3 | − 2,2 | − 3,2 | − 9,3 | − 7,6 | − 11,0 | − 12,9 | − 17,6 |
| Stein, geneigt... | − 19,8 | − 20,0 | − 20,3 | − 9,0 | − 5,8 | − 2,2 | − 4,2 | − 5,2 | − 7,2 | − 10,7 | − 11,5 | − 12,6 | − 20,3 |
| Erde | − 10,3 | − 11,2 | − 12,0 | − 7,9 | − 5,8 | − 2,3 | − 0,5 | − 0,7 | − 1,7 | − 6,4 | − 6,0 | − 8,3 | − 12,0 |
| **Mittl. Max.** | | | | | | | | | | | | | |
| Luft | − 12,6 | − 12,8 | − 10,4 | − 6,2 | − 2,4 | 0,9 | 2,0 | 4,7 | 2,8 | − 1,8 | − 7,0 | − 10,1 | |
| Stein, horizontal | − 8,0 | − 8,5 | − 7,8 | − 5,8 | − 2,3 | − 0,4 | 7,2 | 16,8 | 13,5 | 6,2 | − 3,1 | − 5,6 | |
| Stein, geneigt... | − 8,2 | − 8,0 | − 7,2 | − 5,8 | − 2,0 | − 0,3 | 9,7 | 18,8 | 15,3 | 9,4 | − 1,5 | − 5,8 | |
| Erde | − 7,0 | − 8,4 | − 7,9 | − 5,9 | − 2,2 | 0,4 | (1,8) | 11,9 | 10,7 | 1,7 | − 2,3 | − 4,7 | |
| **Mittl. Min.** | | | | | | | | | | | | | |
| Luft | − 17,8 | − 17,4 | − 15,8 | − 10,6 | − 7,2 | − 3,2 | − 2,6 | 1,1 | − 1,2 | − 4,4 | − 10,9 | − 15,3 | |
| Stein, horizontal | − 9,0 | − 10,3 | − 9,2 | − 6,2 | − 2,5 | − 0,4 | − 0,3 | 0,7 | − 0,5 | − 2,8 | − 4,8 | − 6,5 | |
| Stein, geneigt... | − 9,8 | − 11,0 | − 9,8 | − 6,2 | − 2,2 | − 0,4 | − 0,7 | 0,5 | − 0,6 | − 3,7 | − 5,8 | − 6,9 | |
| Erde | − 7,3 | − 8,8 | − 8,3 | − 6,1 | − 2,3 | − 0,4 | (− 0,3) | 0,8 | 0,1 | − 1,0 | − 2,6 | − 5,0 | |

Tabelle 4. Zahl der Tage mit Frost und mit Frostwechsel in der Luft und an den einzelnen Bodentemperaturmeßstellen auf dem Sonnblick

|  | 1961 | | | | 1962 | | | |
|---|---|---|---|---|---|---|---|---|
|  | 11.−31. Juli | Aug. | Sept. | Okt. | Juli | Aug. | Sept. | Okt. |
| **Frosttage** | | | | | | | | |
| Luft | 18 | 19 | 10 | 27 | 20 | 11 | 18 | 28 |
| Stein, horizontal | 18 | 17 | 13 | 27 | 4 | 7 | 16 | 28 |
| Stein, geneigt... | 19 | 18 | 17 | 29 | 8 | 6 | 17 | 28 |
| Erde | 20 | 17 | 15 | 14 | 0 | 5 | 16 | 24 |
| **Frostwechseltage** | | | | | | | | |
| Luft | 7 | 11 | 8 | 11 | 11 | 11 | 7 | 9 |
| Stein, horizontal | 10 | 14 | 12 | 19 | 4 | 7 | 14 | 25 |
| Stein, geneigt... | 16 | 18 | 17 | 22 | 8 | 6 | 11 | 25 |
| Erde | 7 | 6 | 13 | 5 | 0 | 5 | 6 | 19 |

Tabelle 5. Mittlere Tagesschwankung der Temperaturen in Luft und Boden

|  | Jän. | Feb. | März | April | Mai | Juni | Juli | Aug. | Sept. | Okt. | Nov. | Dez. |
|---|---|---|---|---|---|---|---|---|---|---|---|---|
| **Im Mittel aller Tage** | | | | | | | | | | | | |
| Luft | 5,2 | 4,6 | 5,4 | 4,4 | 4,8 | 4,1 | 4,6 | 3,6 | 4,0 | 2,6 | 3,9 | 5,2 |
| Stein, horizontal | 1,0 | 1,8 | 1,4 | 0,4 | 0,2 | 0,0 | 7,5 | 16,1 | 14,0 | 9,0 | 1,7 | 0,9 |
| Stein, geneigt... | 1,6 | 3,0 | 2,6 | 0,4 | 0,2 | 0,1 | 10,4 | 18,3 | 15,9 | 13,1 | 4,3 | 1,1 |
| Erde | 0,3 | 0,4 | 0,4 | 0,2 | 0,1 | 0,0 | 2,1 | 11,1 | 10,6 | 2,7 | 0,3 | 0,3 |
| **Im Mittel der Schönwetterlage** | | | | | | | | | | | | |
| Luft | 4,2 | 4,5 | 6,1 | 4,9 | 7,3 | 1,8 | 7,0 | 4,2 | 3,9 | 4,3 | 3,4 | 3,9 |
| Stein, horizontal | 1,0 | 1,9 | 1,0 | 0,5 | 0,2 | 0,0 | 20,7 | 25,7 | 19,8 | 12,4 | 4,1 | 0,7 |
| Stein, geneigt... | 2,0 | 3,1 | 3,5 | 0,8 | 0,0 | 0,0 | 21,9 | 29,0 | 23,9 | 20,7 | 13,6 | 0,7 |
| Erde | 0,4 | 0,4 | 0,9 | 1,0 | 0,1 | 0,0 | 13,1 | 20,4 | 15,0 | 3,4 | 0,6 | 0,2 |

Die mittlere Tagesschwankung der Lufttemperatur beträgt das ganze Jahr über ziemlich gleichmäßig 3 bis 5°, die im horizontalen Stein 0,0° im späten Frühjahr, bis 16,1° im August. Die Werte im geneigten Stein liegen noch etwas höher, die im Erdreich beträchtlich niedriger.

An wolkenlosen Tagen sind die Temperaturschwankungen im Boden im Sommer sehr extrem. Die Tagesschwankungen der Lufttemperatur sind ähnlich wie die mittleren Werte. Auch die Winterwerte im Boden unterscheiden sich wenig von den Mittelwerten. In den Monaten Juli bis Oktober treten hingegen Tagesschwankungen auf, die im geneigten Stein nahezu 30° erreichen.

b) Bodentemperaturen an wolkenlosen Tagen:

Neben den bisher betrachteten Mittelwerten interessieren auch die Temperaturbedingungen bei speziellen Wetterlagen. Hier sind besonders die wolkenlosen Tage von Interesse, die durch die ungestörten Ein- und Ausstrahlungsbedingungen an der Bodenoberfläche zu extremen strahlungsbedingten Temperaturwerten führen.

Von der Station am Sonnblick sollen nur die Werte der Monate Juli bis Oktober betrachtet werden, da nur in diesen Monaten schneefreie Tage auftreten. Bei Schneebedeckung zeigen wolkenlose Tage keine spezifischen Eigenheiten der Bodentemperatur.

In der Tabelle 6 sind die Boden- und Lufttemperaturen im Mittel von schneefreien Schönwettertagen für die Monate Juli bis Oktober wiedergegeben.

Tabelle 6. Mittlere Tagesgänge der Luft- und Bodentemperaturen (Stein horizontal, 2 cm Tiefe) an wolkenlosen und schneefreien Tagen der Monate Juli bis Oktober

| h | Juli (2 Tage) | | August (6 Tage) | | September (13 Tage) | | Oktober (10 Tage) | |
|---|---|---|---|---|---|---|---|---|
|  | Luft | Stein | Luft | Stein | Luft | Stein | Luft | Stein |
| 1 | 0,1 | − 0,4 | 3,1 | 3,6 | 4,2 | 2,5 | 0,4 | − 1,8 |
| 2 | 0,9 | − 0,6 | 3,2 | 3,0 | 3,9* | 1,9 | 0,5 | − 2,0 |
| 3 | 1,4 | − 0,9 | 2,9 | 2,4 | 4,1 | 1,5 | 0,3 | − 2,4 |
| 4 | 2,3 | − 1,2 | 2,6 | 2,1 | 4,1 | 1,1 | 0,2 | − 2,6 |
| 5 | 2,0 | − 1,5* | 2,6* | 1,5* | 4,2 | 0,8 | 0,1* | − 2,9 |
| 6 | 2,6 | − 1,3 | 2,6 | 1,5* | 4,3 | 0,6* | 0,2 | − 3,0* |
| 7 | 3,2 | 0,3 | 3,1 | 2,4 | 4,9 | 1,4 | 0,3 | − 2,8 |
| 8 | 2,9 | 3,7 | 4,0 | 5,4 | 5,7 | 3,7 | 1,4 | − 1,2 |
| 9 | 2,7 | 7,8 | 3,8 | 9,6 | 5,9 | 7,2 | 1,9 | 1,8 |
| 10 | 3,4 | 11,7 | 3,9 | 13,2 | 5,8 | 10,7 | 1,6 | 4,7 |
| 11 | 4,2 | 15,8 | 4,1 | 16,5 | 5,5 | 14,4 | 1,4 | 8,9 |
| 12 | 4,4 | 19,9 | 4,1 | 22,5 | 5,5 | 17,2 | 1,5 | 11,5 |
| 13 | 5,0 | 22,8 | 4,2 | 24,0 | 5,6 | 19,4 | 1,4 | 13,4 |
| 14 | 5,0 | 24,6 | 4,6 | 25,2 | 5,7 | **20,3** | 1,4 | **13,9** |
| 15 | 5,6 | **24,8** | 5,2 | **25,8** | 5,9 | 19,5 | 1,4 | 13,1 |
| 16 | 6,2 | 23,6 | 5,3 | 24,3 | **6,0** | 17,8 | 1,5 | 10,0 |
| 17 | 6,4 | 20,6 | 5,5 | 21,6 | 5,6 | 15,3 | 1,1 | 7,2 |
| 18 | 6,6 | 17,2 | **5,6** | 18,0 | 4,9 | 11,7 | 0,8 | 4,5 |
| 19 | **6,7** | 12,0 | 5,4 | 14,1 | 4,7 | 8,8 | 0,8 | 2,9 |
| 20 | 5,3 | 9,6 | 5,0 | 11,4 | 4,7 | 7,5 | 0,5 | 1,9 |
| 21 | 4,5 | 7,4 | 4,7 | 9,6 | 4,5 | 6,4 | 0,3 | 0,8 |
| 22 | 4,3 | 6,0 | 4,4 | 8,1 | 4,5 | 5,4 | 0,8 | 0,1 |
| 23 | 3,9 | 4,7 | 4,4 | 6,9 | 4,5 | 4,6 | 0,4 | − 0,5 |
| 24 | 3,8 | 4,0 | 4,3 | 6,0 | 4,5 | 3,9 | 0,4 | − 1,0 |

Ergänzend hiezu ist in der Abb. 5 die mittlere Differenz zwischen Bodentemperatur und Lufttemperatur dargestellt.

Als besondere Charakteristika ergeben sich: Hohe mittlere Maximaltemperaturen am Nachmittag mit Werten um 25° im Juli und August, und um 14° im Oktober, nachts

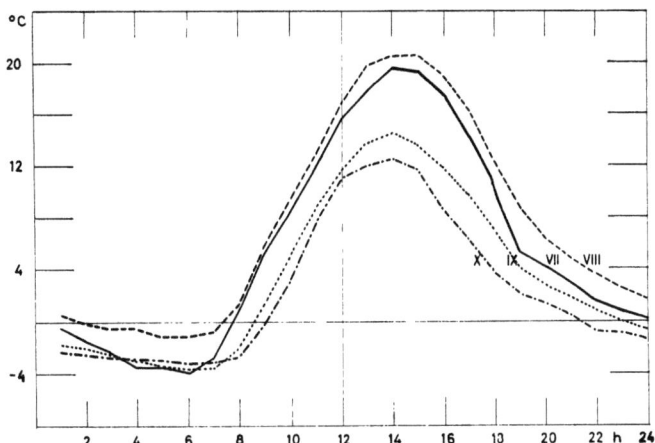

Abb. 5. Mittlere Tagesgänge der Temperaturdifferenz zwischen Boden und Luft an wolkenlosen und schneefreien Tagen der Monate Juli bis Oktober.

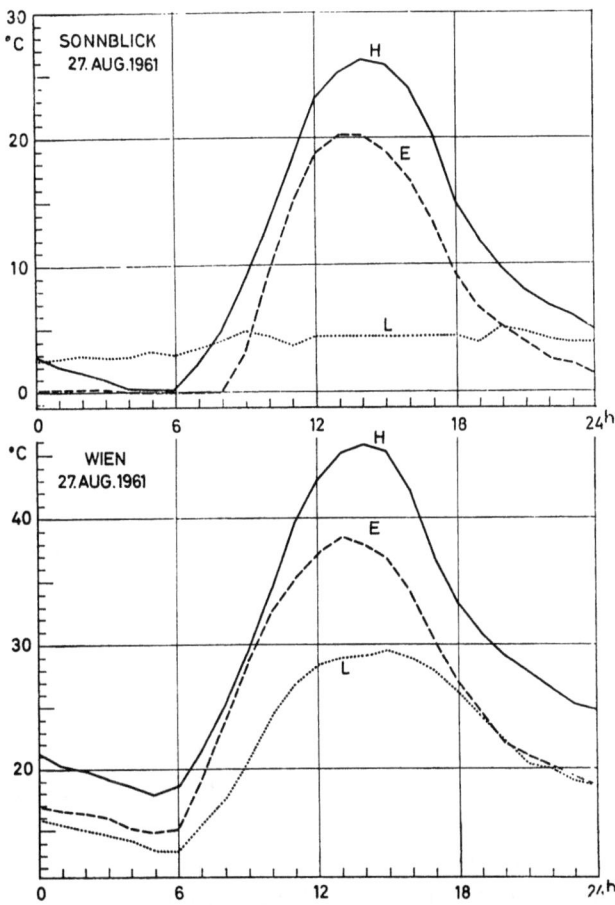

Abb. 6. Tagesgänge der Luft- und Bodentemperatur auf dem Sonnblick und in Wien am 27. August 1961, einem windschwachen, wolkenlosen Tag. H = horizontale Steinplatte in 2 cm Tiefe, B = Beton, 1 cm Tiefe, E = Erde, 2 cm Tiefe, L = Lufttemperatur.

Abkühlung bis unter 0°, im August und September bis knapp über 0°. Dagegen zeigt die Lufttemperatur in den einzelnen Monaten nur geringe Unterschiede.

Die Temperaturunterschiede gegenüber der Luft sind qualitative Hinweise auf die Größe und Richtung des Wärmestromes zwischen Boden und Luft. Nachts werden geringe

Wärmemengen von der Luft zum Boden geführt, welcher beträchtliche Energiemengen durch Ausstrahlung abgibt. Tagsüber gibt der Boden ungleich mehr Energie an die Luft ab. Quantitative Angaben über die Größe dieser Wärmeströme sind aus den vorliegenden Daten nicht mit genügender Genauigkeit möglich.

### III. Vergleiche mit ähnlichen Registrierungen im Tiefland

Streng vergleichbare Registrierungen in verschiedenen Höhenstufen unter gleichen Bodenbedingungen, die den Einfluß der höhenbedingten Änderung der meteorologischen

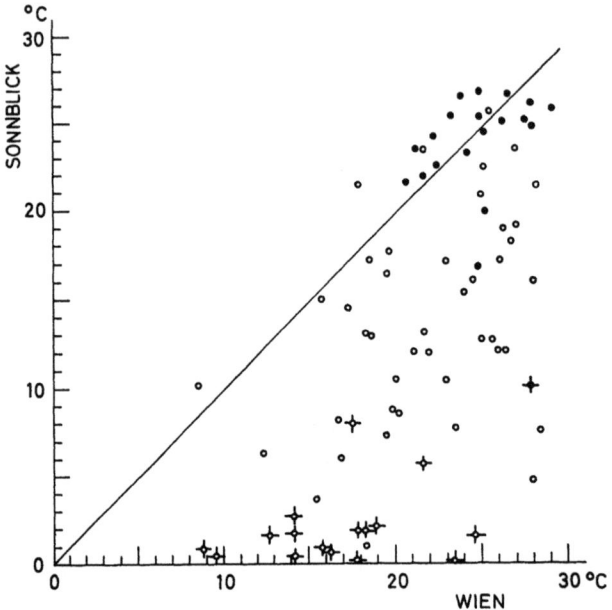

Abb. 7. Vergleich der Tagesschwankung der Steintemperaturen zwischen Sonnblick und Wien im Zeitraum 12. Juli bis 30. September 1961. ● = wolkenlose Tage, + = Tage mit Schnee am Sonnblick, ○ = restliche Tage.

Faktoren ergäben, fehlen leider. Einige Anhaltpunkte lassen sich aber aus gleichzeitigen Registrierungen in Wien in einer horizontalen, 20 cm dicken Betonfläche ähnlicher Albedo und vergleichbarer Wärmeleitfähigkeit gewinnen (Abb. 6).

Der Verlauf der Bodentemperaturen ist in beiden Fällen sehr ähnlich. Die Tagesschwankungen der Bodentemperatur sind im Tiefland eher etwas größer, das gesamte Temperaturniveau liegt am Sonnblick ganztägig um fast 20° tiefer. Auffallend ist in dieser Abbildung die ja bekannte Tatsache, daß die Lufttemperatur in der Gipfellage im Gegensatz zum Flachland nur einen sehr gering ausgeprägten Tagesgang aufweist.

Zur Beantwortung der Frage, welche Höhenabhängigkeit die Tagesschwankung der Bodentemperatur aufweist, ist es notwendig, die einzelnen Faktoren, die auf diese Größe einwirken, getrennt zu diskutieren.

Da die Strahlung der dominierende Faktor ist, müßte aus der mit der Seehöhe zunehmenden Intensität der Einstrahlung auf eine Zunahme der Temperaturgegensätze geschlossen werden. Die Tagessumme der Globalstrahlung ist in den Sommermonaten auf dem Sonnblick um etwa 18% höher als in Wien. Dadurch wäre eine Erhöhung der Temperaturschwankung in ähnlichem Ausmaße möglich. Der Vergrößerung der Temperaturschwankung im Hochgebirge wirkt die dort meist stärkere Luftbewegung entgegen. Je nach Windgeschwindigkeit schwankt auch die strahlungsbedingte Überwärmung der Oberflächen beträchtlich. Besonders der geringe Tagesgang der Lufttemperatur am Gipfel wirkt im Sinne einer Verkleinerung der Tagesschwankung, so daß in summa die Unterschiede im betrachteten Fall gering sind. In der Abb. 7 sind die Werte der Tagesschwankung der Bodentemperatur von Wien und Sonnblick vergleichsweise enthalten. Es zeigt sich sehr anschaulich, daß in Einzelfällen am Sonnblick größere Schwankungen vorkommen, im allgemeinen die Schwankungsweite jedoch, bedingt durch Konvektionsbewölkung, Schneedecken und hohe Windgeschwindigkeiten an der Gipfelstation kleiner ist.

### IV. Die Auswirkung der kurzwelligen Einstrahlung

Die Wirkung der kurzwelligen Einstrahlung auf die Bodentemperatur läßt sich nur bei Betrachtung des gesamten Wärmeumsatzes quantitativ erfassen. Wir müssen uns hier mit einigen statistischen Aussagen begnügen.

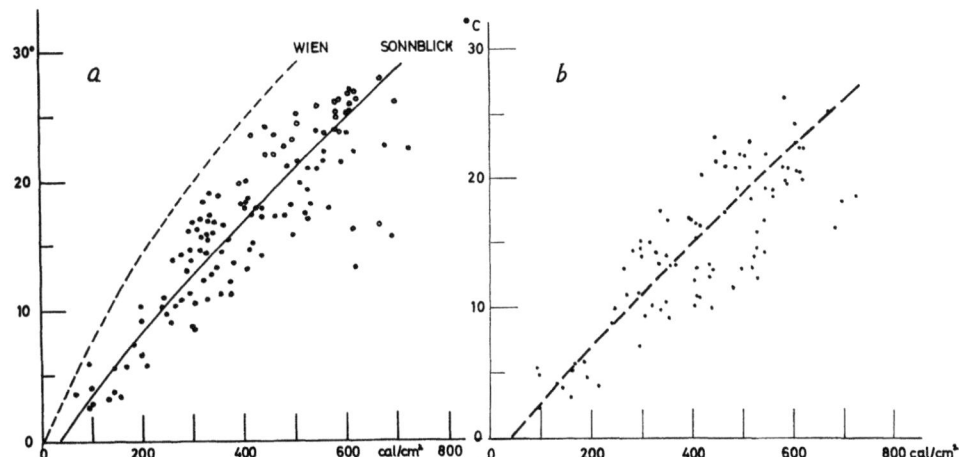

Abb. 8. Beziehung zwischen der Tagesschwankung der Bodentemperatur und der Tagessumme der Globalstrahlung am Sonnblick an Tagen ohne Schneedecke. a) Horizontaler Stein, 2 cm, b) Erde, 2 cm.

Die Tagesschwankung der Bodentemperatur hängt eng mit der Tagessumme der kurzwelligen Einstrahlung zusammen. Abb. 8 zeigt diesen Zusammenhang.

Die Beziehung läßt sich annähernd durch eine Gerade approximieren und ist für beide Medien sehr ähnlich. Die Gesteinsoberfläche weist etwas größere Schwankungen auf. In Abb. 8 ist noch die gleiche Beziehung für die Betonfläche in Wien eingetragen. Bezogen auf gleiche Einstrahlung liegen somit erwartungsgemäß die Tagesschwankungen in der Niederung höher als im Hochgebirge. Die Gründe hiefür wurden oben bereits besprochen.

### V. Vergleich der Temperaturen einer horizontalen und einer hangparallel geneigten Steinplatte

Die Unterschiede in den Temperaturen, die verschieden exponierte Oberflächen aufweisen, sind ebenfalls vor allem auf den verschiedenen Strahlungsgenuß dieser Flächen zurückzuführen. Hier wirken sich vor allem die Unterschiede in der Größe der direkten Sonnenbestrahlung aus, während die Unterschiede im Empfang diffuser Strahlung geringer sind. Die beträchtlichen kleinklimatischen Unterschiede, die in gebirgigem Gelände auftreten, sind zum Teil auf diesen Faktor zurückzuführen. Da umfangreichere Studien über den Expositionsfaktor mit der zur Verfügung stehenden Anlage nicht möglich waren, beschränkten wir uns auf die Bestimmung der Temperatur in 2 cm Tiefe einer hangparallel ausgelegten Steinplatte. Eine etwa 30° gegen Süd geneigte Fläche erhält das ganze Jahr über mehr direkte Sonnenstrahlung als eine horizontale Fläche. Die Unterschiede sind in der Tabelle 7 für einige Zeitpunkte eingetragen.

Die Unterschiede sind im Sommer am geringsten und nehmen gegen den Winter zu.

Tabelle 7. Sonnenstrahlungsgenuß einer 30⁰ gegen Süd geneigten Fläche in Prozenten des Strahlungsgenusses einer horizontalen Fläche

| Monat | Juli | Aug. | Sept. | Okt. | Nov. | Dez. |
|---|---|---|---|---|---|---|
| % | 101 | 114 | 133 | 168 | 216 | 242 |

Aus den bisherigen Ausführungen ergaben sich schon laufend Anhaltspunkte über Unterschiede im Temperaturregime der beiden Flächen, vor allem bei Betrachtung der

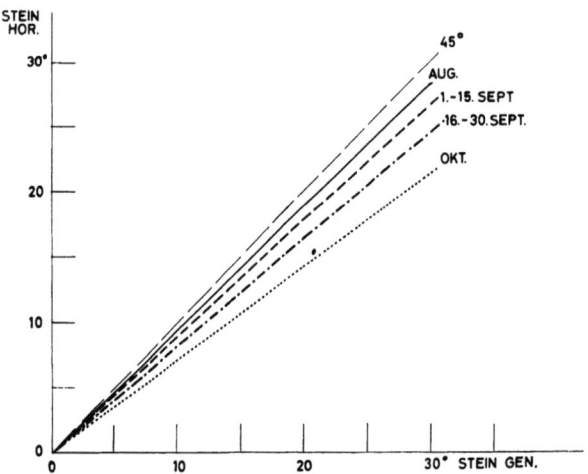

Abb. 9. Vergleich der Tagesschwankung der Temperatur der horizontalen und der geneigten Steinplatte in 2 cm Tiefe zu verschiedenen Jahreszeiten.

Extremtemperaturen und der Monatsmitteltemperaturen, die die extremeren Bedingungen der geneigten Fläche erkennen lassen. Ergänzend hiezu bringt die Abb. 9 einen Vergleich der Tagesschwankungen der Temperatur in der horizontalen und der geneigten Steinplatte an schneefreien Tagen.

Hieraus zeigt sich, daß die Tagesschwankung im geneigten Stein gegenüber der in der horizontalen Steinplatte in den Monaten Juli und August nur um etwa 5% erhöht ist, im Mittel der ersten Septemberhälfte um 12%, in der zweiten Septemberhälfte um etwa 22% und im Oktober bereits um etwa 40%. In der übrigen Jahreszeit verhindert die Schneedecke Unterschiede. An sehr stark geneigten Flächen, an denen sich im Winter keine dauernde Schneedecke halten kann, sind aber gerade in dieser Jahreszeit sehr starke Temperaturschwankungen zu erwarten, die eine rasche Verwitterung begünstigen.

## VI. Die Bodentemperatur in verschiedenen Tiefen

Zum Abschluß sollen nun noch einige Überlegungen über das Eindringen der täglichen Temperaturwellen in den Boden angeschlossen werden. Die Unterlagen hiezu liefern die Temperaturregistrierungen in drei Tiefen der horizontalen Steinplatte und in zwei Tiefen im Erdboden. Diese wurden nur für die schneefreie Zeit bearbeitet, da bei Schneebedeckung nur sehr geringe vertikale Temperaturunterschiede innerhalb der obersten zehn Zentimeter des Bodens auftraten, die innerhalb der Meßgenauigkeit der Registrieranlage lagen.

Die Abb. 10 stellt die vertikale Temperaturverteilung an Schönwettertagen des Monats August 1961 für die horizontale Steinplatte und für den Erdboden dar.

Aus dieser Abbildung können folgende Einzelheiten entnommen werden: Die vertikalen Temperaturgradienten sind in der Steinplatte im allgemeinen geringer als im Erdreich. Die Temperaturwellen dringen rascher und tiefer ein, so daß sich die Temperaturunterschiede in den beiden Medien mit zunehmender Tiefe rasch vergrößern. Sind die Tagesschwankungen an den Oberflächen beider Bodenarten ähnlich, so verhalten sie sich in 12 cm Tiefe bereits wie 1 : 2.

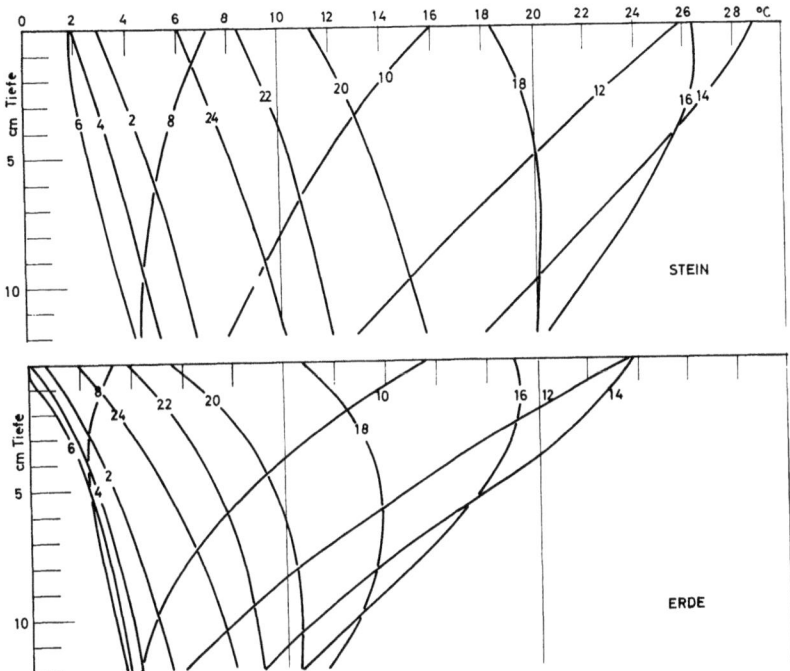

Abb. 10. Vertikale Temperaturschichtung bis 12 cm Tiefe im Tagesablauf wolkenloser Tage im August 1961 in der horizontalen Steinplatte und im Erdreich.

Das gesamte Temperaturniveau im Erdreich liegt als Wirkung der Verdunstung tiefer als jenes der Steinplatte, wobei 0° durch das Gefrieren des Bodenwassers in den obersten Schichten in Nächten mit geringem Frost oft eine untere Grenze der Temperatur an der Oberfläche der Erdschicht darstellen.

Die Unterschiede, die sich in thermischer Hinsicht zwischen den beiden Materialien ergeben, sind einerseits auf die Verdunstungswirkung zurückzuführen, die an der Steinoberfläche im allgemeinen fehlt, vor allem aber durch die verschiedenen Bodenkonstanten bedingt.

Für Gneisplatten ergeben sich aus bisherigen Untersuchungen für die Dichte $\rho$ etwa 2,5 g/cm³, für die spezifische Wärme $c = 0,2$ cal/g . grad und für die Wärmeleitfähigkeit $\lambda = 0,0080$ cal/cm sec . grad.

Für den Erdboden betragen die entsprechenden Größen: $\rho = 1,5$ g/cm³, $c = 0,4$ cal/g . grad und $\lambda = 0,0020 — 0,0040$ cal/cm . sec . grad.

Die Unterschiede der Bodenkonstanten der beiden Materialien bedingen ein bedeutend rascheres Eindringen der Wärme in die Steinplatte im Vergleich zum Erdreich.

Hiefür lassen sich aus der Theorie der Wärmeleitung für einseitig unendlich ausgedehnte Medien folgende Beziehungen ableiten: Die Verzögerung der Temperaturmaxima und -minima der Tageswelle der Temperatur beträgt in Abhängigkeit von der Tiefe

$$t_{z_1} - t_{z_2} = \frac{z}{2}\sqrt{\frac{\rho c \cdot T}{\pi \lambda}}$$

$t_z$ = Eintrittszeit des Extremwertes, z = Tiefendifferenz zwischen den betrachteten Niveaus, T = Periodenlänge.

Eine Verzögerung der Eintrittszeit des Temperaturmaximums um 6 Stunden gegenüber der Oberfläche ist im Fels somit in einer Tiefe von 33 cm zu erwarten, im Erdreich schon in einer Tiefe von 16 cm.

Umgekehrt ist es auch möglich, aus obiger Formel bei Kenntnis der Phasenverschiebung die Temperaturleitfähigkeit und mit der Kenntnis der leichter bestimmbaren Größen ρ und c auch λ zu berechnen. Infolge der Abweichung der Meßstelle von der Forderung des einseitig unendlich ausgedehnten homogenen Mediums sind die errechneten Werte nur als Näherungswerte anzusehen. Wie die folgende Zusammenstellung zeigt, ist die Übereinstimmung der errechneten Werte mit den aus den Tabellen entnommenen Werten einigermaßen gegeben:

für Gneis: λ berechnet = 0,0084 cal/cm . sec . grad

λ (Mittel aus bisherigen Untersuchungen) = 0,0080 cal/cm . sec . grad

für das Erdreich: λ berechnet = 0,0029 cal/cm . sec . grad

λ Tabellenwert = 0,0020 — 0,0040 cal/cm . sec . grad.

Auch die Verringerung der täglichen Temperaturamplitude mit der Tiefe hängt eindeutig mit den Bodenkonstanten zusammen. Bei linearer Zunahme der Tiefe (z) nimmt die Amplitude gemäß

$$e^{-z\sqrt{\pi \cdot c \cdot \rho / \lambda T}} \quad (T = \text{Periodenlänge})$$

ab. Aus der Theorie ergibt sich für unseren Fall eine Verminderung der Tagesamplitude auf $1/10$ des Oberflächenwertes für Fels in 48 cm Tiefe, für Erdreich bereits in 24 cm Tiefe, was den Beobachtungen am Sonnblick weitgehend entspricht.

Zur Verfeinerung der zu diesem Punkt angestellten Überlegungen wird derzeit am Sonnblick die Bodentemperatur in sechs verschiedenen Tiefen bis 1,5 m Tiefe in Erdreich registriert. Über die Ergebnisse dieser Untersuchung soll zu einem späteren Zeitpunkt berichtet werden.

Es ist dem Autor eine angenehme Pflicht, der Österreichischen Akademie der Wissenschaften für die finanzielle Unterstützung dieser Studien zu danken, die die sorgfältige Betreuung der Station sowie die Bearbeitung des anfallenden Materials ermöglichte. Dankend sei auch den meteorologischen Beobachtern des Sonnblick-Observatoriums gedacht, die bei oft widrigsten Wetterbedingungen für eine einwandfreie Funktion der Registrieranlage Sorge trugen.

### Literatur

Eckel, O., Bodentemperatur. In: F. Steinhauser, O. Eckel, F. Lauscher, Klimatographie von Österreich, 2. Lieferung, Wien, Springer, 1960.

Kerner, A., Über Wanderungen des Maximums der Bodentemperatur. Zeitschrift Österr. Ges. f. Meteorol. **VI**, 65 (1871).

Kerner, F., Änderung der täglichen Schwankung der Bodentemperatur mit der Exposition. Meteorolog. Z. **10**, 269 (1893).

Kerner, F., Messungen der Bodentemperaturen auf Gipfeln der Stubaier Alpen. Meteorolog. Z. **34**, 92 (1917).

Beilage zum 60. - 62. Jahresbericht des Sonnblickvereines
für die Jahre 1962 - 1964.

Nachtrag zu:

F. Bauer: Beitrag zur Niederschlagsmessung mit Totalisatoren im Hochgebirge

In Lösungen von Chlorkalzium konnte je nach dessen Reinheitsgrad pH-Werte von 4,8 - 8,7 gemessen werden. Totalisatorengefäße aus Zinkblech, die mit alkalisch reagierenden Lösungen von technischem (schuppenförmigem) Chlorkalzium beschickt waren, zeigten nach einjährigem Betrieb schwere Korrosionsschäden, während bei achtjährigem Betrieb mit sauer reagierenden Lösungen von chemisch reinem Chlorkalzium keinerlei Schäden festgestellt werden konnten. Diese Erscheinung ist daher bei der Auswahl des zur Beschickung vorgesehenen Chlorkalziums besonders zu beachten. (Von verschiedenen Stellen sollen Sammelgefäße aus verzinktem Eisenblech schon seit längerer Zeit mit Lösungen von schuppenförmigem Chlorkalzium beschickt worden sein, ohne daß irgendwelche Schäden auftraten.)

Aulitzky, H., Die Bedeutung meteorologischer und kleinklimatischer Unterlagen für Aufforstung im Hochgebirge. Wetter und Leben 7, 241 (1955).

Aulitzky, H., Über mikroklimatische Untersuchungen an der oberen Waldgrenze zum Zwecke der Lawinenvorbeugung. Wetter und Leben 6, 93—98 (1954).

Aulitzky, H., Die Bodentemperaturverhältnisse an einer zentralalpinen Hanglage. Archiv Met., Geoph. Biokl., B 10, 445—532 (1960).

Turner, H., Maximaltemperaturen oberflächennaher Bodenschichten an der alpinen Waldgrenze. Wetter und Leben 10, 1 (1958).

Dirmhirn, I., Oberflächentemperaturen der Gesteine im Hochgebirge. Archiv Met., Geoph. Biokl., Ser. B., 4, 43 (1953).

Mahringer, W., Einrichtung einer Bodentemperatur-Registrieranlage auf dem Hohen Sonnblick. Wetter und Leben, Sonderh. 9, 125 (1961).

Mahringer, W., Über neue Registrierungen von Fels- und Bodentemperaturen im Hochgebirge. Geogr. Jahresbericht aus Österreich XXIX, 95 (1961—1962).

Geiger, R., Das Klima der bodennahen Luftschicht. Braunschweig 1960.

551.508.77(23)

(Aus dem Speläologischen Institut, Wien)

# Beitrag zur Niederschlagsmessung mit Totalisatoren im Hochgebirge

Von Fridtjof Bauer

Mit 8 Textabbildungen

Rund ein Sechstel des österreichischen Bundesgebietes ist verkarstet oder verkarstungsanfällig. Rund ein Viertel der im Bundesgebiet fallenden Niederschlagsmenge fällt in diesen Karstgebieten. Die Untersuchung der österreichischen Karstgebiete im Hinblick auf die dort auftretenden wasserwirtschaftlichen und landeskulturellen Probleme ist Aufgabe des Speläologischen Institutes beim Bundesministerium für Land- und Forstwirtschaft.

Karsterscheinungen (Karren und Dolinen an der Oberfläche, Karstwasserkanäle und Höhlen in der Tiefe des Gebirges) bilden sich in Kalk- und Dolomitarealen durch die karbonatlösende Wirkung des kohlensäurehaltigen Niederschlagswassers. Die Intensität der Verkarstung steigt daher mit zunehmenden Jahresniederschlagshöhen.

In Österreich sind die hochalpinen Massive der nördlichen Kalkalpen mit Jahresniederschlägen bis über 2500 mm (Steinhauser, 1953) am stärksten verkarstet. Die Niederschlagsmessung im Hochgebirge wird damit zu einem wesentlichen Bestandteil jedes österreichischen Karstforschungsprogrammes.

Tägliche Ombrometermessungen sind im Hochgebirge nur in unmittelbarer Nähe von ganzjährig bewirtschafteten Schutzhäusern beschränkt durchführbar. Zur Niederschlagsmessung in nicht erschlossenen Gebirgsbereichen müssen Totalisatoren eingesetzt werden.

In Flachlandlagen liefern Totalisatoren mit monatlicher Ablesung, wie Tollner (1961) gezeigt hat, bessere Niederschlagssummen als Ombrometer mit täglicher Messung, gleiche Höhen der Auffangflächen über Boden vorausgesetzt. Die jeweils gemessenen Niederschlagshöhen entsprechen um so mehr den tatsächlichen am Boden anfallenden Niederschlagshöhen, je weniger die Auffangflächen der Niederschlagsmesser über die Boden- bzw. Schneeoberfläche hinausragen.

Im Hochgebirge können die maximalen Schneehöhen, je nach den örtlichen Verhältnissen, zwei bis drei Meter überschreiten. Da eine Veränderung der Höhe der Auffangflächen von Hochgebirgstotalisatoren (etwa durch Aufstocken des Gestelles im Winter) und damit eine Anpassung an die jeweilige Höhe der Schneeoberfläche bei nur monatlicher oder vierteljährlicher Kontrolle praktisch nicht möglich ist, müssen hier, um einen kontinuierlichen Betrieb zu gewährleisten, die Auffangflächen mindestens 1 Meter höher als die zu erwartenden maximalen Schneehöhen gesetzt werden. Die Auffangflächen der Geräte liegen daher während des größten Teiles des Jahres einige Meter über der Boden- bzw. Schneeoberfläche: die im Gerät gemessenen Niederschlagshöhen werden daher niedriger sein als die tatsächlich am Boden anfallenden (und zwar bei Schneefall weitaus niedriger als bei Regen), da ein bedeutender Anteil des Niederschlages über die Auffangfläche hinweggeweht wird.

 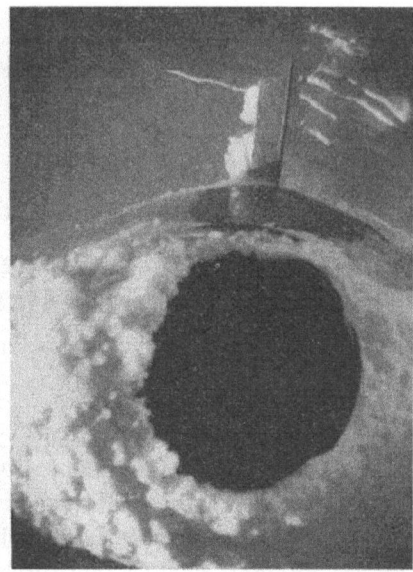

Abb. 1. Totalisator auf dem Krippenstein (2109 m) am 20. Februar 1962: a) Schnee- und Rauhreifansatz am Totalisator, im Hintergrund der Dachsteingipfel; b) Teilweise durch Schnee verlegte Auffangfläche. (Photo W. Ettmayer.)

Im Flachland (wie unter den von Tollner beschriebenen Verhältnissen) ist meist eine tägliche Kontrolle der Totalisatoren möglich; bei starken Schneefällen am Auffanggefäß abgesetzte Schneefahnen und -kappen, die zu einer Verkleinerung der wirksamen Auffangfläche führen, können ständig beseitigt werden. Im Hochgebirge bilden sich bei starken Schneefällen (vor allem bei hohen Windgeschwindigkeiten) an den Sammelgefäßen oft bedeutende Schneeanlagerungen, die bis zu einem zeitweise vollständigen Verschluß der Auffangflächen führen und damit entweder unkontrollierbare Verminderungen der Niederschlagsanzeigen oder (durch mehrmaliges Einbrechen sich über der Auffangfläche immer wieder neu bildender Schneekappen) Mehranzeigen zur Folge haben können (Abb. 1).

Hochgebirgstotalisatoren müssen mit einem geeigneten Gefrierschutzmittel (in der Regel Chlorkalziumlösung) beschickt werden, um ein Gefrieren des im Gefäß gesammelten Niederschlagswassers zu verhindern, bzw. ein rasches Schmelzen des in das Sammelgefäß fallenden Schnees zu erreichen. Auf diese Lösung muß ferner eine Ölschicht aufgebracht werden, die Verdunstungsverluste und damit Wenigeranzeigen verhindern soll, jedoch die Niederschlagssammlung nicht beeinträchtigen darf. Je nach Gehalt und Menge der verwendeten Chlorkalziumlösung und deren Verdünnung durch das ins Gefäß gefallene Niederschlagswasser können bei tieferen Temperaturen entweder Eisbildungen an der Oberfläche oder Chlorkalziumabscheidungen am Grunde des Gefäßinhaltes auftreten und zu Funktionsstörungen führen. Die Verdunstungsschutzschicht kann (je nach Schichtdicke und Art des Mittels) das Durchsinken, besonders von Schnee, in die Chlorkalziumlösung erschweren, oder (z. B. bei Verwendung von Petroleum) selbst durch Verdunstung weitgehend reduziert und damit in ihrer Wirksamkeit beeinträchtigt werden.

Während die durch den großen Bodenabstand der Auffangflächen und durch Schneeanlagerungen an den Sammelgefäßen entstehenden Wenigeranzeigen bei Hochgebirgstotalisatoren praktisch nicht verhindert werden können, sind Fehlanzeigen, die sich aus falscher Wahl des Gehaltes und der Menge der Chlorkalziumlösung, wie auch der Art und Dicke der Verdunstungsschutzschicht ergeben können, vermeidbar.

Im Rahmen des Karstforschungsprogrammes des Speläologischen Institutes wurden im Dachsteingebiet die im Verhalten von Chlorkalziumlösungen und Verdunstungsschutzmitteln begründeten Fehlerquellen von Hochgebirgstotalisatoren untersucht. Die durch Temperaturveränderungen und durch Verdünnungskontraktion von Chlorkalziumlösungen bedingten Wenigeranzeigen, auf die Kleinschmidt (1935) und Heigel (1959, 1960) hingewiesen haben, wurden berücksichtigt. Zur Berechnung der in der Folge gegebenen Werte wurden Tabellenwerke (Landolt-Börnstein, D'Ans-Lax und Hodgeman), sowie Ergebnisse eigener Untersuchungen herangezogen.

### 1. Eigenschaften von Chlorkalziumlösungen

Chlorkalzium ist in Wasser unter Hydratbildung löslich. Die Löslichkeitsverhältnisse sind in Abb. 2 dargestellt. Die ausgezogene Kurve gibt für Chlorkalziumlösungen mit Gehalten von 0—160 g $CaCl_2$/100 g Wasser die Sättigungstemperaturen an. Wird die für einen bestimmten Lösungsgehalt angegebene Temperatur unterschritten, scheidet sich aus der Lösung unter deren gleichzeitiger Gehaltsänderung die jeweils unter den entsprechenden Kurvenabschnitten angegebene Substanz aus. (Bei Lösungsgehalten unter 45 g $CaCl_2$/100 g Wasser ist dies Eis, bei höheren Gehalten ein Chlorkalziumhydrat.)

Wird eine Chlorkalziumlösung vom Gehalt 17 g $CaCl_2$/100 g Wasser abgekühlt, so setzt bei $-10^0$ C an ihrer Oberfläche Eisabscheidung ein. Wird die Abkühlung bis $-20^0$ C fortgesetzt, scheiden sich aus 100 g Ausgangslösung insgesamt 30 g Eis ab (Abb. 2, A—B); der Gehalt der Restlösung beträgt 26,2 g $CaCl_2$/100 g Wasser.

Wird eine Chlorkalziumlösung vom Gehalt 57,8 g $CaCl_2$/100 g Wasser abgekühlt, so setzt bei $-6,3^0$ C an ihrem Grund Abscheidung von $CaCl_2 \cdot 6H_2O$ ein. Wird die Abkühlung bis $-26,5^0$ C fortgesetzt, scheiden sich aus 100 g Ausgangslösung insgesamt 17,3 g $CaCl_2 \cdot 6H_2O$ ab (Abb. 2, C—D); der Gehalt der Restlösung beträgt 50,8 g $CaCl_2$/100 g Wasser.

Aus Lösungen mit höheren $CaCl_2$-Gehalten können sich bei Abkühlung auch instabile Chlorkalziumhydrate abscheiden, die im Diagramm (gestrichelte Kurventeile) der Vollständigkeit halber angedeutet, für praktische Belange aber ohne Bedeutung sind.

Aus dem Diagramm kann somit abgelesen werden, bis zu welchen Temperaturen Chlorkalziumlösungen bestimmten Gehaltes abgekühlt werden können, ohne daß sich an ihrer Oberfläche Eis oder an ihrem Grund das Hydrat $CaCl_2 \cdot 6H_2O$ abscheidet.

Ausscheidungen von Eis oder Chlorkalziumhydrat können beim Betrieb von Totalisatoren bedeutende Fehlanzeigen verursachen. Eine oberflächliche Eisschicht verhindert das Einsinken des in das Sammelgefäß fallenden Schnees in die Chlorkalziumlösung: durch Verdunstung oder Auswehung des nicht eingesunkenen Schnees können Wenigeranzeigen entstehen. Am Grund der Lösung abgesetztes Chlorkalziumhydrat löst sich auch bei einem späteren Temperaturanstieg oder bei Verdünnung der darüber stehenden Lösung durch Niederschlagswasserzufuhr nur schwer auf und wird damit der Lösung für den Rest des

Beobachtungszeitraumes entzogen: dadurch können unvorhergesehen hohe Verdünnungsgrade der Lösung und damit wiederum Eisbildungen an der Lösungsoberfläche verursacht werden. Eisdeckenbildung kann fernerhin bedeutende Schäden an den Sammelgefäßen verursachen.

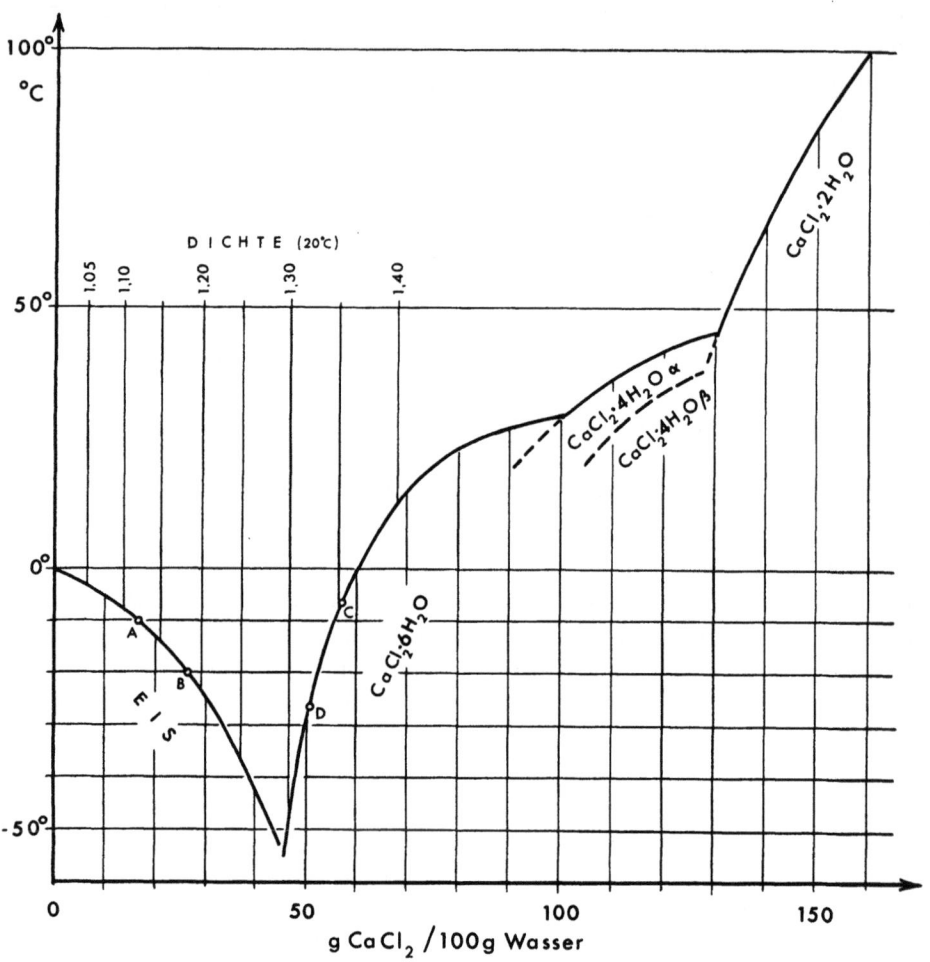

Abb. 2. Löslichkeitsverhältnisse von Chlorkalzium.

Bei der Verwendung von Chlorkalziumlösung als Gefrierschutz muß deren Verdünnung durch das ins Sammelgefäß fallende Niederschlagswasser berücksichtigt werden. Die verdünnungsbedingten Änderungen der Sättigungsverhältnisse sind für Chlorkalziumlösungen verschiedener Anfangsdichte, soweit sie für praktische Zwecke in Frage kommen, in Abb. 3 dargestellt[1]. Die Kurven geben für die Anfangsdichten 1,15—1,38 für Verdünnungen bis auf 400% des Ausgangsvolumens (Angabe in Liter Wasserzugabe auf 1 Liter Ausgangslösung) jene Temperaturen an, bei deren Unterschreitung aus der Lösung $CaCl_2 \cdot 6 H_2O$ (linke Kurvenäste) oder Eis (rechte Kurvenäste) ausgeschieden wird.

Aus einer Chlorkalziumlösung der Dichte 1,34 wird bei Abkühlung unter —14° C Chlorkalziumhydrat ausgeschieden (Abb. 3, A); werden zu 1 Liter Lösung (Dichte 1,34) 0,05 Liter Wasser zugegeben, erfolgt die Chlorkalziumhydratabscheidung erst bei Abkühlung unter —25° C (B). Bei Zugabe von 1 Liter Wasser zu 1 Liter Lösung tritt erst bei

---

[1] In der Folge wird an Stelle des $CaCl_2$-Gehaltes die Dichte der Chlorkalziumlösungen bei 20° C angegeben.

Abkühlung unter — 18,5° C (C) Eisabscheidung ein, bei Zugabe von 2 Liter Wasser aber schon bei — 9,5° C (D).

Mit Hilfe des Diagrammes (Abb. 3) können Menge und Dichte der zur Befüllung eines Totalisators zu verwendenden Chlorkalziumlösung bestimmt werden, aus der sich oberhalb einer zu erwartenden Minimaltemperatur weder vor Einsetzen der Verdünnung Chlorkalziumhydrat noch nach Verdünnung durch Niederschläge bestimmter Maximalhöhe Eis abscheiden kann.

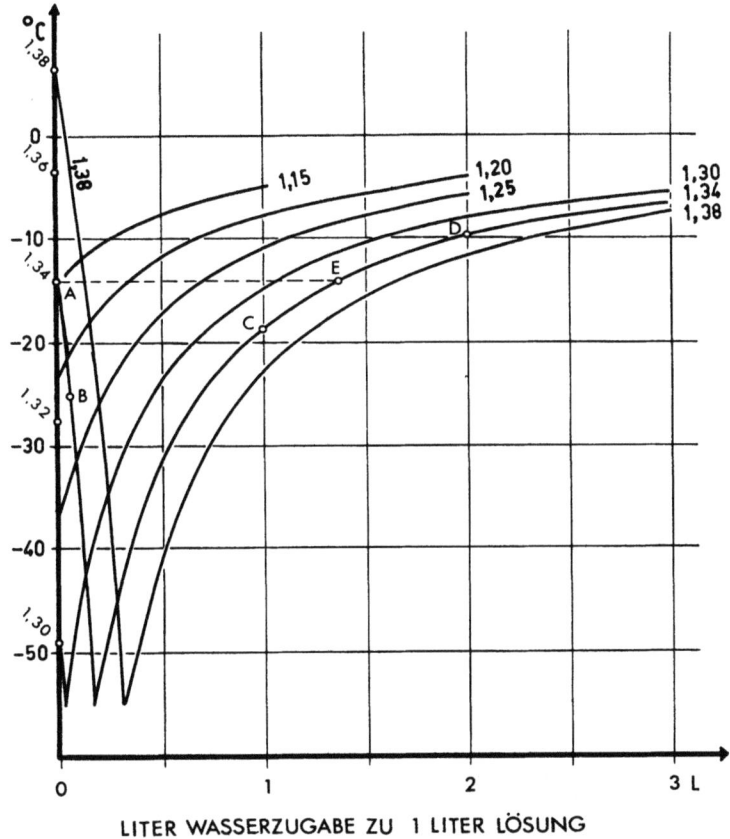

Abb. 3. Änderung der Sättigungstemperaturen von Chlorkalziumlösungen verschiedener Dichte bei Verdünnung.

Ist z. B. mit Minimaltemperaturen von — 14° C bei einer maximalen Niederschlagshöhe von 750 mm zu rechnen, so muß das Sammelgefäß (200 cm² Auffangfläche) mit 11,1 Liter Chlorkalziumlösung (D = 1,34) beschickt werden, um eine Chlorkalziumhydrat- oder Eisabscheidung während des Beobachtungszeitraumes zu verhindern. (In Abb. 3 entspricht die Strecke AE einer Zugabe von 1,35 Liter Wasser zu 1 Liter Ausgangslösung; wenn eine Wasserzufuhr von 15 Liter = 750 mm Niederschlag erwartet wird, müssen zur Erreichung der gleichen Endkonzentration 15/1,35 = 11,1 Liter Ausgangslösung verwendet werden.) Der untere Teil des Sammelgefäßes (ohne dem konischen Oberteil) muß demnach rund 26 Liter fassen.

Bei der Wahl der Lösungkonzentration für Totalisatoren, die (z. B. wegen Unzugänglichkeit im Hochwinter) für das Winterhalbjahr nur einmal (meist im September oder Oktober) mit Chlorkalziumlösung beschickt werden können, kann berücksichtigt werden, daß die zu erwartenden Minimaltemperaturen in der Regel erst im Hochwinter (Jänner-Februar) auftreten. Zur Befüllung kann daher eine Lösung höherer Dichte, als sie den

Minimaltemperaturen entsprechen würde, verwendet werden, da durch die im Oktober und November fallenden Niederschläge die Lösung meist schon so weit verdünnt wird, daß bei Eintreten der Tiefsttemperaturen keine Chlorkalziumhydratausscheidung mehr eintreten kann. Ferner ist zu beachten, daß ab März die Temperaturminima meist schon weit über den Jänner-Februar-Werten liegen, daß also selbst nach einer durch starke Frühjahrsniederschläge verursachten weiteren Verdünnung der Lösung kaum mehr eine Eisausscheidung auftreten kann.

Tabelle 1. Sättigungstemperaturen von Chlorkalziumlösungen verschiedener Dichte (20° C) vor und nach verschieden starker Verdünnung. Bei Abkühlung der Lösungen unter diese Temperaturen wird Eis oder CaCl₂.6H₂O ausgeschieden

| Verdünnung auf % Ausgangsvolumen | | | 100 | 110 | 120 | 130 | 140 | 160 | 180 | 200 | 240 | 300 | 400 |
|---|---|---|---|---|---|---|---|---|---|---|---|---|---|
| Wasserzugabe zu 1 l Ausgangslösung | Liter Wasser | | 0 | 0,1 | 0,2 | 0,3 | 0,4 | 0,6 | 0,8 | 1,0 | 1,4 | 2,0 | 3,0 |
| | Niederschlag in mm | F = 200 cm² | 0 | 5 | 10 | 15 | 20 | 30 | 40 | 50 | 70 | 100 | 150 |
| | | F = 500 cm² | 0 | 2 | 4 | 6 | 8 | 12 | 16 | 20 | 28 | 40 | 60 |
| Dichte der Ausgangslösung bei 20° C | CaCl₂.6H₂O | 1,38 | + 6 | − 10 | − 26 | − 51 | − 47 | − 34 | − 27 | − 22 | − 16 | − 11 | − 7 |
| | | 1,36 | − 3 | − 20 | − 43 | − 48 | − 40 | − 31 | − 24 | − 20 | − 15 | − 10 | − 7 |
| | | 1,34 | − 14 | − 34 | − 50 | − 42 | − 36 | − 27 | − 22 | − 18 | − 13 | − 9 | − 6 |
| | | 1,32 | − 27 | − 53 | − 43 | − 36 | − 31 | − 24 | − 19 | − 16 | − 12 | − 8 | − 6 |
| | | 1,30 | − 49 | − 44 | − 37 | − 31 | − 27 | − 22 | − 17 | − 14 | − 11 | − 8 | − 5 |
| | Eis | 1,25 | − 36 | − 28 | − 25 | − 22 | − 19 | − 15 | − 13 | − 10 | − 8 | − 6 | − 4 |
| | | 1,20 | − 23 | − 19 | − 16 | − 14 | − 13 | − 10 | − 9 | − 7 | − 6 | − 4 | |
| | | 1,15 | − 14 | − 11 | − 10 | − 9 | − 8 | − 7 | − 6 | − 5 | | | |

Die Sättigungstemperaturen von Chlorkalziumlösungen verschiedener Dichte (gemessen bei 20° C) in unverdünntem Zustand und nach verschieden starker Verdünnung sind in Tabelle 1 angegeben.

Da Menge und Gehalt der Beschickungslösung bekannt sind, kann auf Grund der an Umgebungsstationen gemessenen Niederschlagshöhen und der Tabellenwerte abgeschätzt werden, ob und wann zur Gewährleistung eines störungsfreien Betriebes die Neufüllung eines Totalisators nötig ist.

Für schwer zugängliche Totalisatoren empfiehlt es sich, Gehalt und Menge der Beschickungslösung so festzulegen, daß während des Hochwinters keine neuen Befüllungen nötig sind. Allerdings müssen für diesen Fall auch die Sammelgefäße entsprechend groß dimensioniert sein.

## 2. Ansetzen von Chlorkalziumlösungen

Wie oben dargelegt wurde, muß der Gehalt einer zur Befüllung eines Totalisators bestimmten Chlorkalziumlösung auf die während des Beobachtungszeitraumes zu erwartenden Niederschlagshöhen und Minimaltemperaturen abgestimmt sein. In verschiedenen Vorschriften wurden bisher stets nur einfache Mischungsverhältnisse (wie z. B. 6 kg Chlorkalzium auf 7 kg Wasser) ohne nähere Bezeichnung der Art des zu verwendenden Chlorkalziums angegeben.

Im Handel ist Chlorkalzium mit verschiedenen Wassergehalten erhältlich, so mit 50% Wasser (Calcium chloratum cryst.), mit 20—25% Wasser (Calcium chloratum siccatum und Chlorkalzium schuppenförmig) und mit 7—10% Wasser (Calcium chloratum siccum). Je nach dem Wassergehalt muß daher zur Erreichung einer Lösung eines bestimmten Gehaltes das Mischungsverhältnis ein anderes sein.

Die Mischungsverhältnisse für die Herstellung von Lösungen bestimmter Dichte können bei bekanntem $CaCl_2$-Gehalt des Chlorkalziums aus Abb. 4 abgelesen werden.

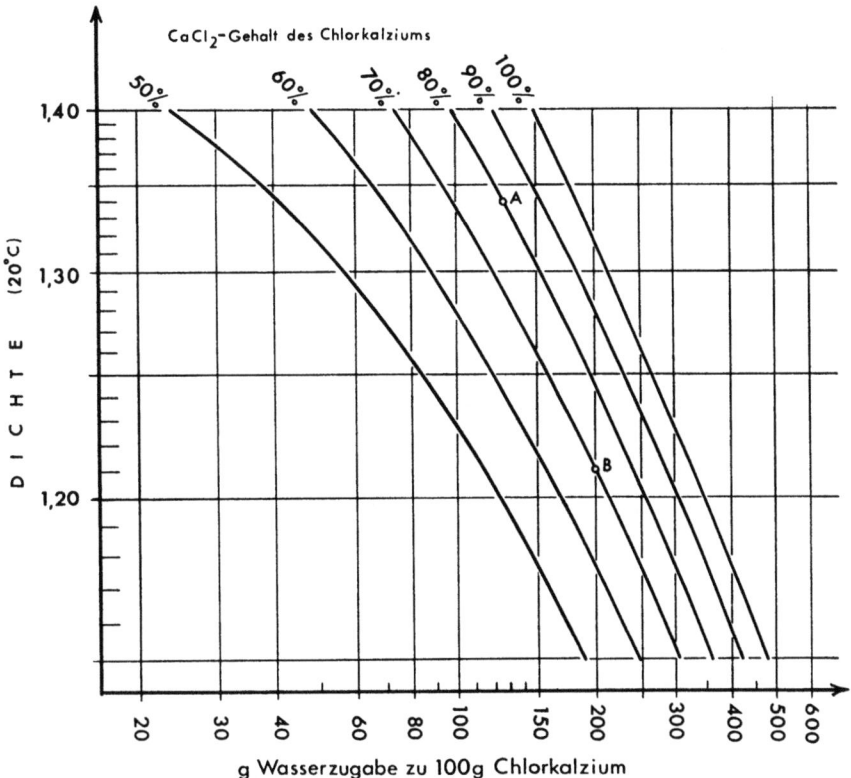

Abb. 4. Mischungsverhältnisse von Chlorkalzium bestimmten $CaCl_2$-Gehaltes und Wasser und Dichte der erhaltenen Lösungen.

Wenn z. B. Chlorkalzium mit einem $CaCl_2$-Gehalt von 80% zur Verfügung steht, dann müssen, wenn eine Lösung der Dichte 1,34 verlangt ist, pro 100 g Chlorkalzium rund 127 g Wasser zugegeben werden (Abb. 4, A).

Ist der $CaCl_2$-Gehalt des Chlorkalziums nicht bekannt, kann er ebenfalls mit Hilfe des Diagramms ermittelt werden. Man löst zu diesem Zweck 1 kg Chlorkalzium in 2 kg Wasser und bestimmt nach Erkalten der Lösung auf 20° C deren Dichte. Beträgt diese z. B. 1,211, gibt der Punkt B in Abb. 4 den $CaCl_2$-Gehalt des Chlorkalziums mit 70% an.

Beim Auflösen von hochprozentigem Chlorkalzium (über etwa 70% $CaCl_2$) wird Wärme frei; die Lösung kann Temperaturen bis über 60° C erreichen, wodurch die Auflösung beschleunigt wird. Beim Lösen von niedrigprozentigem Chlorkalzium (unter etwa 60% $CaCl_2$) wird Wärme verbraucht (50%iges Chlorkalzium findet als Kältemittel Verwendung), wodurch die Auflösung verzögert wird. Für die Herstellung von Chlorkalziumlösungen für die Beschickung von Totalisatoren wird am besten Chlorkalzium mit 75—80% $CaCl_2$ verwendet; hier bietet sich vor allem das äußerst preisgünstige schuppenförmige Chlorkalzium an.

Es empfiehlt sich, bei der Herstellung der Lösung ein Mischungsverhältnis zu wählen, mit dem nach Abb. 4 eine um etwa 0,02 höhere Dichte der Lösung erreicht wird als erforderlich. (Zu starke Konzentrationen müssen hierbei jedoch vermieden werden, da z. B. in einer Lösung der Dichte 1,38 bei 20° C bereits bei Abkühlung unter + 6° C Ausscheidung von $CaCl_2 . 6 H_2O$ einsetzt.) Nach Abkühlung der Lösung auf 20° C wird deren Dichte mittels eines Aräometers (Teilung auf 0,001 Dichtewerte) bestimmt. Die Wasser-

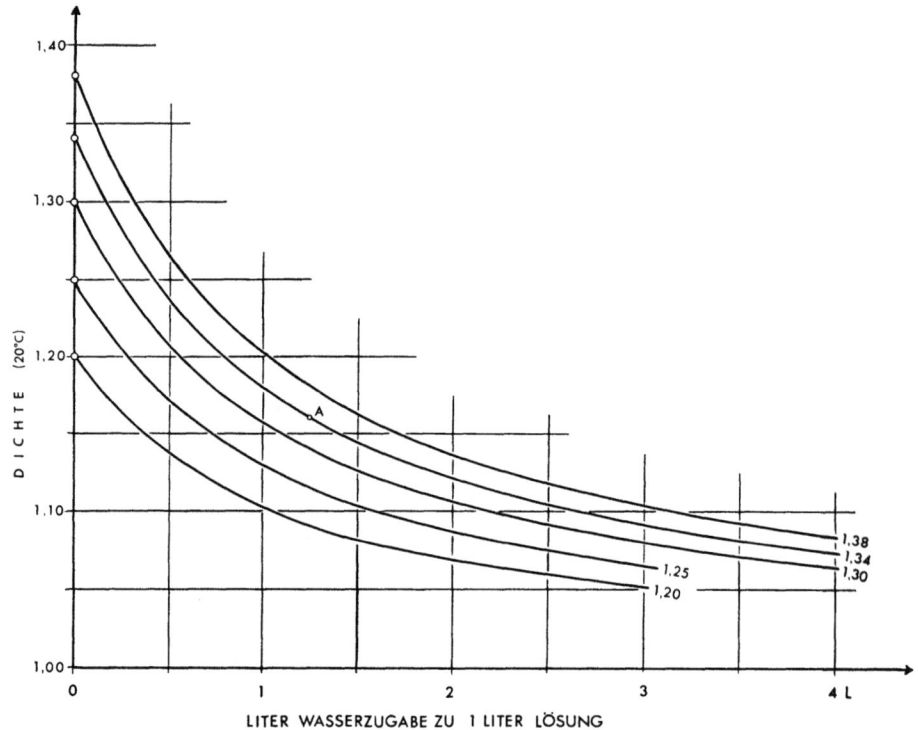

Abb. 5. Dichteänderung von Chlorkalziumlösungen bei Verdünnung.

menge w (in Liter), die zu a Litern einer Lösung der Dichte $D_1$ zugegeben werden muß, um eine Lösung der Dichte $D_2$ zu erhalten (wobei $D_1 > D_2$), kann näherungsweise mit

$$w = \frac{a(D_1 - D_2)}{D_2 - 1}$$

bestimmt werden. Da jedoch bei der Verdünnung einer Chlorkalziumlösung eine (hier unberücksichtigt gebliebene) Volumskontraktion eintritt (siehe unten), werden bei einer Lösungsverdünnung nach dieser Formel Dichtewerte erreicht, die etwas über $D_2$ liegen, und zwar um so höhere, je konzentrierter die Ausgangslösung und um so stärker die Verdünnung ist. (Die bei Verdünnung von Chlorkalziumlösungen der Dichten 1,20—1,38 unter Berücksichtigung der Verdünnungskontraktion erreichten Dichtewerte sind in Abb. 5 dargestellt. Werden z. B. zu 1 Liter Chlorkalziumlösung der Dichte 1,34 bei 20° C 1,25 Liter Wasser zugegeben, zeigt der Punkt A im Diagramm die Dichte der verdünnten Lösung mit 1,16 an.)

Beim Ansetzen der Lösung muß berücksichtigt werden, daß sich ihre Dichte mit der Temperatur ändert (siehe unten). Da die hier gegebenen Löslichkeitsdiagramme auf bei 20° C gemessene Dichten bezogen sind, muß z. B. eine auf 50° C erwärmte frischbereitete Lösung bei dieser Temperatur auf eine Dichte von 1,32 eingestellt werden, damit nach Abkühlung auf 20° C die Dichte 1,34 erreicht wird (Abb. 7, AB).

Die Bestimmung des Gehaltes der Lösung mittels Aräometers ist infolge ihrer Einfachheit bei ausreichender Genauigkeit jeder anderen Methode vorzuziehen; es ist nur darauf zu achten, daß die Aräometerwerte auf die Dichte von Wasser bei $4^0$ C ($= 1,000$) bezogen sind.

Vielfach wird empfohlen, die Chlorkalziumlösung erst am Standort des Totalisators (u. U. sogar unter Verwendung von Schnee statt Wasser) herzustellen. Erfahrungsgemäß

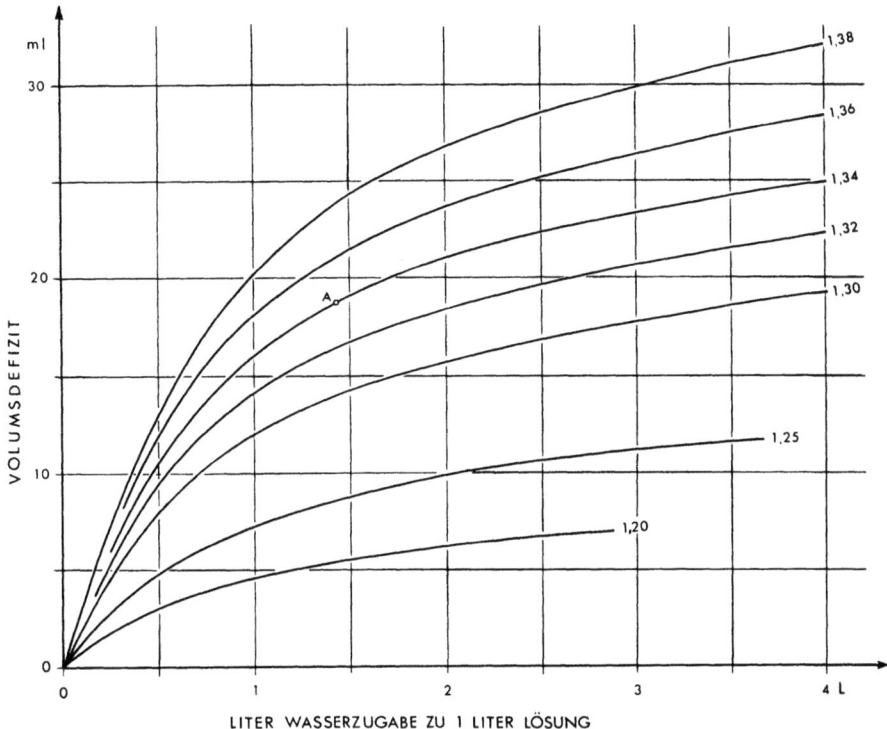

Abb. 6. Bei Verdünnung von Chlorkalziumlösungen auftretende Volumsdefizite.

ist dies jedoch meist mit großen Schwierigkeiten verbunden, abgesehen von den Meßfehlern, die bei der Beschickung der Sammelgefäße mit noch heißer Lösung entstehen können. Wenn es die Verhältnisse gestatten, sollen die Lösungen bereits am nächstgelegenen Stützpunkt angesetzt, auf $20^0$ C auskühlen gelassen und dann auf die vorgeschriebene Dichte gebracht werden. Ein längeres Stehen der fertigen Lösungen ist um so mehr zu empfehlen, als in einer (vor allem unter Verwendung von Schnee) frischbereiteten Lösung vielfach noch bedeutende Luftmengen in zahllosen feinsten Bläschen enthalten sind, die merkbare Meßfehler verursachen können.

### 3. Verdünnungskontraktion

Wird eine Chlorkalziumlösung mit Wasser verdünnt, dann ist (bei Konstanthaltung der Temperatur) das Endvolumen der verdünnten Lösung kleiner als die Summe der Volumina der Ausgangslösung und des zugegebenen Wassers. Das Volumsdefizit pro zugegebene Wassermengeneinheit ist um so größer, je stärker die Konzentration der Ausgangslösung und je kleiner das Verhältnis der zugegebenen Wassermenge zum Volumen der Ausgangslösung ist. Die bei verschieden starker Verdünnung von Chlorkalziumlösungen der Dichten 1,20—1,38 auftretenden Volumsdefizite sind in Abb. 6 in ml pro 1 Liter Ausgangslösung dargestellt.

Um die in einem Totalisator gesammelte Niederschlagswassermenge zu erhalten, muß zu der gemessenen Volumsdifferenz der Betrag des entsprechenden Verdünnungsvolumsdefizites zugezählt werden. Wurde z. B. das Sammelgefäß (200 cm² Auffangfläche) mit 8 Liter Chlorkalziumlösung der Dichte 1,34 (20° C) beschickt und befinden sich am Ende des Beobachtungszeitraumes im Gefäß 19,44 Liter (20° C) verdünnte Lösung, dann

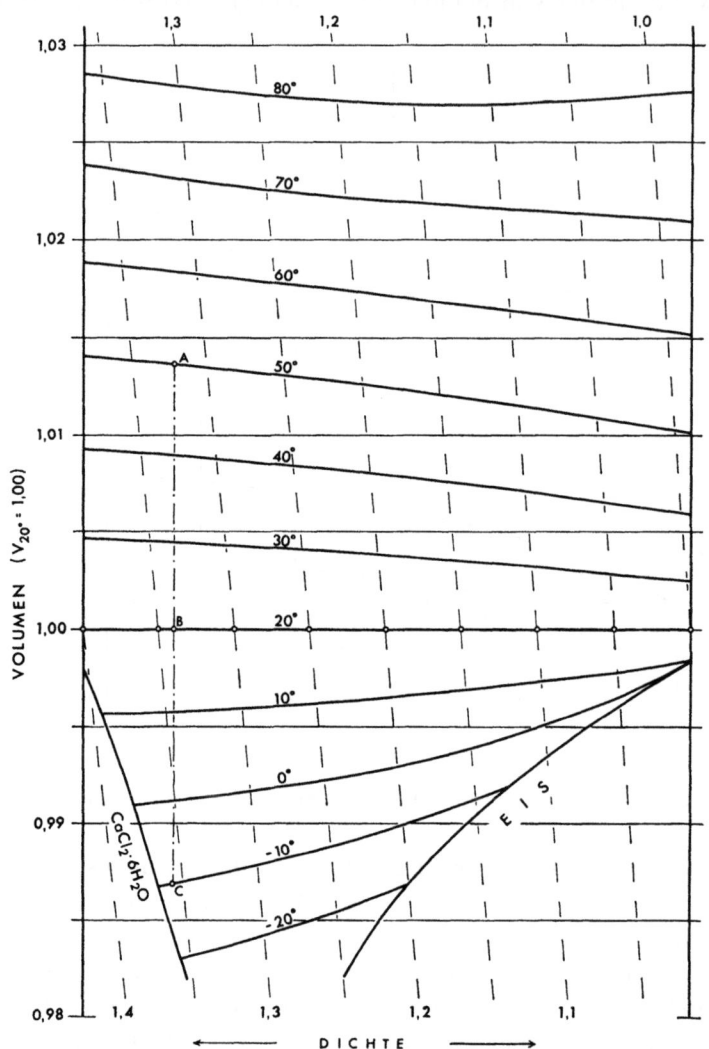

Abb. 7. Thermische Volums- und Dichteänderungen von Chlorkalziumlösungen.

beträgt die scheinbare Wasserzufuhr 11,44 Liter (entsprechend 572 mm Niederschlag), das sind 1,43 Liter pro 1 Liter Beschickungslösung. Das Volumsdefizit beträgt hierfür nach Abb. 6 (A) 18,8 ml pro 1 Liter Beschickungslösung, also für die gesamte Lösung 150,4 ml (entsprechend 7 mm Niederschlag bzw. 1,3% der scheinbaren Wasserzufuhr). Die effektive Wasserzufuhr beträgt somit 11,59 Liter, das sind 579 mm Niederschlag.

## 4. Thermische Volumsänderung

Die bei Erwärmen oder Abkühlen auftretende Volumsänderung einer Chlorkalziumlösung beträgt je nach Temperatur und Gehalt der Lösung bis zu 0,6% pro 10° C.

Die thermischen Ausdehnungsverhältnisse von Chlorkalziumlösungen sind in Abb. 7 dargestellt. Die Kurven geben die Volumina von Chlorkalziumlösungen des Dichtebereiches 1,0—1,4 (Volumen bei 20⁰ C = 1,000) für Temperaturen von — 20⁰ bis + 80⁰ C an. Die unteren Begrenzungslinien der Kurven bezeichnen die Temperaturen, unter welchen sich aus den Lösungen Chlorkalzium oder Eis abscheiden.

Nach Erwärmen von 1 Liter Chlorkalziumlösung der Dichte 1,34 bei 20⁰ C (Abb. 7, B) auf 50⁰ C beträgt ihr Volumen 1,014 Liter bei einer Dichte von 1,32 (Abb. 7, A). Nach Abkühlen derselben Lösung auf — 10⁰ C beträgt ihr Volumen 0,987 Liter bei einer Dichte 1,357 (Abb. 7, C). Bei weiterer Abkühlung ist unter — 14⁰ C mit der Abscheidung von Chlorkalziumhydrat zu rechnen. Wurde also ein Totalisatorsammelgefäß mit 8 Liter Chlorkalziumlösung (50⁰ C, D = 1,32) befüllt, dann beträgt das Lösungsvolumen nach Abkühlung auf — 10⁰ C 8 . (0,987/1,014) = 7,787 Liter; die Volumsverminderung beträgt 0,213 Liter (das sind 2,66%). Bei einer Auffangfläche von 200 cm² würde dies eine Niederschlagswenigeranzeige von 10,7 mm zur Folge haben.

Für den praktischen Totalisatorbetrieb empfiehlt es sich, sowohl das Volumen der Beschickungslösung, wie auch das Volumen der am Ende des Beobachtungszeitraumes vorliegenden, durch Niederschlagswasser verdünnten Lösung auf 20⁰ C zu reduzieren und erst aus der Volumsdifferenz der auf 20⁰ C reduzierten Lösungen (unter Berücksichtigung der Verdünnungskontraktion) auf die Menge des zugeführten Niederschlagswassers zu schließen.

## 5. Durchmischung

Je größer die Dichte und je tiefer die Temperatur einer zur Befüllung eines Totalisatorsammelgefäßes verwendeten Chlorkalziumlösung ist, um so geringer ist ihre selbständige Durchmischung. Die durch die Verdunstungsschutzschicht langsam durchsinkenden Regenwasser- oder Schneemengen werden vorerst von der obersten Schicht der Lösung aufgenommen, deren Dichte dadurch erniedrigt wird. Die hohe Viskosität[1] der unteren, stark konzentrierten Chlorkalziumschichten verhindert eine gleichmäßige Verteilung der neu hinzugekommenen Wassermengen über die ganze Lösung. Besonders der nur langsam durch die Verdunstungsschicht sinkende Schnee führt zu einer sehr starken Verdünnung der obersten Lösungsschicht, während die tiefsten Lösungsschichten ihre ursprüngliche Konzentration lange beibehalten.

Die Bedeutung der Konzentrationsschichtung wird durch eine Messung am Totalisator „Landeplatz" (Station Oberfeld, Dachstein, 1830 m) belegt. Das Sammelgefäß (200 cm² Auffangfläche) wurde am 21. November 1962 mit 4,3 Liter Chlorkalziumlösung (D = 1,35) beschickt. Am 3. Jänner 1963 wurde (nach 239,4 mm Niederschlag, entsprechend einer Wasserzugabe von 4,788 Liter) in der obersten Schicht der Lösung eine Dichte von 1,10 und in der Bodenschicht eine Dichte von 1,22 festgestellt. Aus der obersten Lösungsschicht hätte sich also bereits bei — 8⁰ C Eis abgeschieden, aus der Bodenschicht dagegen erst bei — 28⁰ C. Nach gründlicher Durchmischung der gesamten Lösung wurde deren Durchschnittsdichte mit 1,17 (Eisabscheidung bei — 17⁰ C) bestimmt.

Die Schichtdicke der Lösung betrug am 3. Jänner 1963 nur rund 12 cm. Obwohl rund 170 mm Niederschlag bereits vor dem 15. Dezember 1962 gefallen waren, entsprach der Verdünnungsgrad der Bodenschicht am 3. Jänner 1963 nur einem Niederschlag von rund 80 mm (eine gleichmäßige Durchmischung der gesamten Lösung vorausgesetzt), während der Verdünnungsgrad der obersten Lösungsschicht (ebenfalls bei gleichmäßiger Durchmischung der gesamten Lösung) erst nach einem Niederschlag von rund 600 mm erreicht worden wäre.

---

[1] Die Viskosität einer Chlorkalziumlösung der Dichte 1,28 beträgt bei + 10° C 4,4 Zentipoise und bei — 30° C 22,0 Zentipoise.

In einem mit Chlorkalziumlösung beschickten Totalisator wird, wie obige Beobachtung zeigt, nur ein geringer Anteil des Chlorkalziums auf das jeweils neu hinzukommende Niederschlagswasser gefrierpunktserniedrigend wirksam. Die oberste Lösungsschicht wird dadurch oft so stark verdünnt, daß in das Sammelgefäß fallender Schnee schließlich von ihr nicht mehr vollständig gelöst werden kann. An der Lösungsoberfläche bildet sich dann ein mehr oder weniger festes Gemisch von Schnee, Öl und verdünnter Chlorkalziumlösung, über dem sich weiterer Schnee ablagern kann, ohne in die Lösung durchzusinken. Bei Sinken der Temperaturen eintretende Eisabscheidung aus den obersten (stark verdünnten) Lösungsschichten führt ferner oft zur Beschädigung der Sammelgefäße (Aufbauchung und u. U. sogar Sprengung). Bei Temperaturanstieg schmelzen die Eisschichten, die Schnee-Lösung-Ölgemische verflüssigen sich und allenfalls auf ihnen aufgelagerter Schnee kann in die Lösung einsinken. Der Beobachter findet dann (wenn nicht eine Beschädigung der Sammelgefäße eingetreten ist) keinerlei Hinweise mehr dafür vor, daß womöglich durch Wochen die Niederschlagssammlung weitgehend beeinträchtigt war.

Es muß daher dafür Sorge getragen werden, daß eine dauernde gute Durchmischung der Lösung — besonders nach starken Niederschlägen — gewährleistet ist. Umrühren mit einem Stock führt hier infolge der starken Konzentrationsschichtung nur beschränkt zum Erfolg. Demgegenüber wird durch kräftiges Auf- und Abbewegen eines Stockes, an dessen unterem Ende ein rundes Brett (Brettfläche kleiner als Auffangfläche) senkrecht zur Stockachse befestigt ist, rasch eine vollständige Durchmischung der Lösung erzielt.

Von der Oberösterreichischen Kraftwerke AG. wird die Verwendung von schwarz gestrichenen Sammelgefäßen vorgeschlagen, um an Strahlungstagen eine Erwärmung der randlichen Lösungsschichten und damit über Konvektionsströmungen eine Durchmischung des Gefäßinhaltes zu erreichen. (Untersuchungen hierüber stehen noch aus.)

### 6. Verdunstungsschutz

Je nach Lufttemperatur, Luftfeuchtigkeit und Lösungskonzentration gibt eine unbedeckt der freien Atmosphäre ausgesetzte Chlorkalziumlösung entweder an die Luft Wasser ab oder sie nimmt aus der Luft Wasser auf.

Wenig bewegter trockener Innenraumluft bei Zimmertemperatur ausgesetzte Chlorkalziumlösungen von 6 mm Schichtdicke und freier Oberfläche zeigten innerhalb 24 Stunden bei einer Dichte 1,20 einen Wasserverlust von 0,055 ml/cm² und bei einer Dichte 1,40 eine Wasseraufnahme von 0,033 ml/cm². Bei tieferer Temperatur und höherer Luftfeuchtigkeit (wie z. B. im Hochgebirge) verschieben sich die Verhältnisse zugunsten der Wasseraufnahme.

Um beim Totalisatorenbetrieb unkontrollierbare Weniger- oder Mehranzeigen durch Verdunstungsverluste oder durch Wasseraufnahme aus der Luft zu verhindern, wird auf die im Sammelgefäß befindliche Chlorkalziumlösung in der Regel eine Schicht von Paraffinöl (Vaselinöl) oder Petroleum (fälschlich allgemein als „Verdunstungsschutzschicht" bezeichnet) aufgebracht. Paraffinöl ist hochviskos, erleidet aber keine Verdunstungsverluste; Petroleum hat eine geringere Viskosität als Wasser, verdunstet aber sehr rasch. Die sich aus diesem Unterschied ergebenden praktischen Folgerungen sollen hier kurz dargelegt werden.

Auf eine ruhige Paraffinölfläche bei Zimmertemperatur vorsichtig aufgebrachte Wassertropfen (kleiner als 0,1 ml) bleiben auf der Oberfläche schwimmen und sinken erst bei starken Erschütterungen oder nach Zusammenschluß mehrerer kleiner Tropfen zu einem größeren ein. Dem Einsinken von Schnee setzt Paraffinöl einen entsprechend größeren Widerstand entgegen. Die Folge davon sind beim winterlichen Totalisatorenbetrieb unter Verwendung von Paraffinöl Schneeablagerungen auf der Öloberfläche. Ebenso können geringe Wassermengen (Niederschlagshöhen bis über 1 mm) an der Öloberfläche zurückgehalten werden und durch Verdunstung der Messung verloren gehen. Petroleum setzt dagegen dem Einsinken von Wassertropfen und Schnee einen weitaus geringeren Widerstand entgegen.

Ein Tropfen Wasser von rund 0,05 ml durchsinkt eine Schicht von

10 cm Paraffinöl bei + 26° C in 14 Sekunden,
10 cm Paraffinöl bei — 5° C in 22 Sekunden,
10 cm Petroleum bei + 26° C in 0,8 Sekunden,
10 cm Petroleum bei — 5° C in 1,3 Sekunden.

Das Durchsinken eines Wassertropfens durch eine Paraffinölschicht erfordert also rund die 17fache Zeit als das Durchsinken durch eine Petroleumschicht gleicher Dicke. Die Durchsinkdauer steigt bei einer Temperaturabnahme um 30° C um rund 50 %.

Eine Verdunstungsschutzschicht erfüllt nur dann ihren Zweck, wenn sie die Oberfläche der Chlorkalziumlösung gleichmäßig bedeckt. Bei Zimmertemperatur kann eine Wasserfläche noch mit einer Paraffinölschicht von 3 bis 4 mm Dicke überschichtet werden, die jedoch sehr leicht aufreißt und dann die Wasseroberfläche teilweise freigibt. Dünnere Ölschichten sind bei diesen Temperaturen praktisch nicht geschlossen zu halten. Bei tieferen Temperaturen, wie sie im Hochgebirge überwiegend auftreten, kann eine geschlossene, stabile Ölschicht nur noch mit größerer Schichtdicke (etwa 5—8 mm) erzielt werden. Diese geschlossene Paraffinölschicht bleibt allerdings über den gesamten Beobachtungszeitraum in der gleichen Dicke erhalten.

Mit Petroleum kann bei Zimmertemperatur eine geschlossene Schicht von 0,2 mm Dicke erreicht werden; für tiefere Temperaturen (s. oben) ist jedoch eine Mindestschichtdicke von 1 mm vorzusehen, um das Aufreißen der Schicht bei Sinken der Temperaturen und Erhöhung der Viskosität hintanzuhalten. Allerdings erleidet eine Petroleumschicht bedeutende Verdunstungsverluste. Der mögliche Verdunstungsverlust muß daher bei Festlegung der einem Totalisator zuzugebenden Petroleummenge berücksichtigt werden.

Zur Feststellung des möglichen Verdunstungsverlustes wurden am 11. August 1961 auf der Station Oberfeld (Dachstein) in zwei zylindrischen Blechgefäßen (Durchmesser 22,5 cm, Höhe 25,0 cm) über eine Schicht Wasser 1,480 Liter Paraffinöl bzw. 1,490 Liter Petroleum gegeben. Am 14. September 1961 wurden die Gefäße geleert, wobei 1,470 Liter Paraffinöl und 0,468 Liter Petroleum rückgewonnen werden konnten. Während der Verlust von 10 ml des zähen Paraffinöles dem Rückhalt an den Gefäßwänden zugeschrieben werden kann, muß der hohe Fehlbetrag von 1,022 Liter Petroleum (das sind 69 % der Anfangsmenge) der Verdunstung zugeschrieben werden. Von der ursprünglich 37 mm dicken Petroleumschicht waren innerhalb 34 Tagen (Lufttemperaturmittel + 8,1° C, durchschnittliche Windgeschwindigkeit 3,6 m/sec) 26 mm verdunstet: Wenn auch diese Werte nicht direkt auf Totalisatoren (Auffangfläche 200 cm², 3 m über dem Boden) übertragen werden können, da die am Boden stehenden Versuchsgefäße zweifellos stärker erwärmt wurden und auch ihre großen zylindrischen Öffnungen die Verdunstung förderten, so zeigt sich doch deutlich, daß selbst im Hochgebirge (vor allem während des Sommers) aus Totalisatoren Petroleumschichten bis über 10 mm Dicke pro Monat verdunsten können. (Die starke Petroleumverdunstung zeigt sich auch schon dadurch an, daß selbst bei Minustemperaturen auf der windabgewandten Seite eines Totalisators, bereits 1—2 m von diesem entfernt, meist ein deutlicher Petroleumgeruch wahrgenommen werden kann.)

Bei Verwendung von Petroleum als Verdunstungsschutz ist daher, wenn die Dicke der aufgebrachten Schicht kleiner als 1 cm ist, eine gelegentliche Messung der Schichtdicke unbedingt erforderlich, um gegebenenfalls größere eingetretene Verdunstungsverluste durch neuerliche Petroleumzugaben ausgleichen zu können[1].

Die genaue Messung der im Sammelgefäß noch vorhandenen Petroleummenge ist nur nach Ablassen des gesamten Gefäßinhaltes möglich, was aber stets mit zeitraubenden Manipulationen (Trennung der Flüssigkeiten mittels Scheidetrichters) verbunden ist; außerdem wird eine vollständige Abscheidung des Petroleums von der Chlorkalziumlösung, vor allem bei tieferen Temperaturen, nur schwer erreicht.

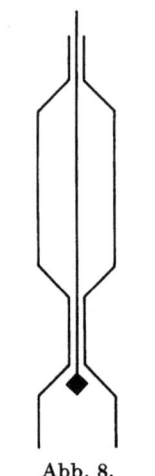

Abb. 8.
Ölschichtdickemesser.

Wird, wie bei Abstichmessungen, das Sammelgefäß nicht entleert, kann die Petroleumschichte mit Hilfe eines einfachen Ölschichtdickemessers (Prinzipskizze siehe Abb. 8) mit ausreichender Genauigkeit gemessen werden.

Zwei möglichst durchsichtige, dünnwandige Rohrstücke (Plexiglas oder PVC) mit gleichen Durchmessern (mindestens 3—5 cm) sind durch ein enges Rohrstück (etwa 0,5 cm Innendurchmesser) verbunden. Das enge Rohr kann mittels eines Pfropfens, der an einem durch das obere Rohr durchgeführten starken Draht befestigt ist, verschlossen werden. Das Oberende des oberen Rohres (Anzeigerohr) ist zur leichteren Handhabung ebenfalls verengt, der Unterrand des unteren Rohres (Stechrohr) ist senkrecht zur Achse abgeschnitten und allenfalls (bei Wandstärken über 1 mm) nach außen abgeschrägt. Das untere Rohr ist etwa 3 cm lang, das obere etwa 6 cm.

Das Gerät wird bei geöffnetem Verbindungsrohr mit der Stechrohröffnung langsam und vorsichtig bis etwa zum oberen Drittel des Anzeigerohres in die petroleumüberschichtete Flüssigkeit eingetaucht. Wenn der Flüssigkeitsstand im Anzeigerohr die Höhe der umgebenden Flüssigkeit erreicht hat, wird das Verbindungsrohr durch Anziehen des Drahtes geschlossen und das Gerät aus dem Sammelgefäß herausgezogen. Im Anzeigerohr befindet sich nun ein aus dem Sammelgefäßinhalt herausgeschnittenes Stück Flüssigkeitssäule mit der zugehörigen Petroleumschicht, deren Dicke nun mittels eines Maßstabes oder einer am Rohr angebrachten Skala direkt abgelesen werden kann. (Eine größere Meßgenauigkeit wird erzielt, wenn der Querschnitt des Anzeigerohres kleiner ist als der des Stechrohres.) Nach der Messung wird durch Öffnen des Verbindungsrohres der Rohrinhalt ins Sammelgefäß zurückgegeben.

Bei der Messung von Totalisatoren durch Abstich muß der Betrag der seit der letzten Messung eingetretenen Verminderung der Petroleumschichtdicke der festgestellten Flüssigkeitsstandzunahme zugezählt werden, um daraus auf die tatsächliche Niederschlagswasserzufuhr schließen zu können.

Auf Grund der Schichtdickenmessung kann festgestellt werden, ob und welche Petroleummenge jeweils neuerlich zugegeben werden muß, um eine geschlossene Petroleumschicht bis zum nächsten Beobachtungstermin zu gewährleisten. Da im Spätwinter einige Millimeter Petroleumschicht pro Monat verdunsten können, scheint, bei monatlicher Kontrolle, eine Schichtdicke von 8 bis 10 mm angemessen.

Man steht nun vor der Wahl, für Totalisatoren entweder das nicht verdunstende Paraffinöl zu verwenden, das (infolge seiner hohen, mit sinkender Temperatur steigender

---

[1] Eine Anfärbung des Petroleums mit Sudanrot, wie es von der Oberösterreichischen Kraftwerke AG. bei ihren Totalisatoren durchgeführt wird, erleichtert zwar die Feststellung, ob die Petroleumschichte noch geschlossen ist, gibt aber keinen Hinweis auf deren Dicke.

Viskosität) besonders im Winter bedeutende Wenigeranzeigen verursachen kann, oder auf das leichtflüssige Petroleum zurückzugreifen, das (vor allem im Sommer) bedeutende Verdunstungsverluste mit allen ihren nachteiligen Folgen erleidet.

In der Praxis hat sich, vor allem während des Winterhalbjahres mit überwiegend Schneeniederschlägen, am besten die Verwendung von Petroleum bewährt, das jedoch gelegentliche Schichtdickenkontrollen erfordert. Im Sommer kann, bei überwiegend flüssigen Niederschlägen und starker Erwärmung des Gefäßinhaltes, Paraffinöl verwendet werden; wenn häufige Kontrollen möglich sind, ist jedoch auch hier Petroleum vorzuziehen. Je dünner die Petroleumschicht ist, um so vollständiger werden auch wenig ergiebige Niederschläge erfaßt, um so häufigere Schichtdickenkontrollen sind aber erforderlich.

### 7. Volumsmessung

Soll das Volumen der Chlorkalziumlösung mit Meßgefäßen bestimmt werden, muß das Sammelgefäß mit einem Ablaßhahn versehen sein. Da an Ablaßhähnen, vor allem bei tiefen Temperaturen, häufig Schäden auftreten, werden im Hochgebirge überwiegend Sammelgefäße ohne Ablaßhahn eingesetzt. Das Flüssigkeitsvolumen wird in diesem Fall durch Abstichmessung (Messung des Abstandes der Flüssigkeitsoberfläche von der Auffangfläche) bestimmt. Wenn der Querschnitt des Sammelgefäßes bekannt ist, kann aus der Höhe des Flüssigkeitsstandes das Volumen der Flüssigkeit errechnet werden. Eine genaue Eichung des Gefäßes ist hierfür unerläßlich.

Zur Eichung werden in das Sammelgefäß aufeinanderfolgend gleiche, genau gemessene, etwa 100 mm Niederschlagshöhe entsprechende Wassermengen zugegeben und nach jeder Zugabe die Spiegelstände gemessen. Aus den Meßwerten wird berechnet, welches Volumen bzw. welche Niederschlagshöhe einem Millimeter Niveaudifferenz entspricht. Bei vollkommen zylindrischen Sammelgefäßen sind die Eichwerte für sämtliche Spiegelhöhen gleich, bei nicht vollkommen zylindrischen Gefäßen ändern sie sich mit der Spiegelhöhe.

Gelegentliche Kontrolleichungen sind zu empfehlen, da z. B. winterliche Eisdeckenbildung Gefäßausbauchungen verursachen kann. Beträgt der Gefäßquerschnitt das dreifache der Auffangfläche, zeigt 1 mm Flüssigkeitsniveauanstieg eine Niederschlagshöhe von 3 mm an. Die Meßgenauigkeit kann in diesem Fall mit ± 2 mm Niederschlagshöhe angenommen werden. Die Höhe des Flüssigkeitsstandes selbst wird von der Auffangfläche aus mit überprüften Maßstäben gemessen. Der wesentlichste Vorteil von Abstichmessungen liegt in der Möglichkeit, jederzeit rasch und ohne besondere Manipulationen (vor allem ohne Gefäßentleerung) Totalisatorenablesungen durchführen zu können.

Die dem Sammelgefäß zugeführte Niederschlagswassermenge kann direkt (unter Umgehung der Verdünnungskontraktions- und Temperaturkorrektur) aus der Differenz der Gewichte der Beschickungslösung und der verdünnten Lösung bestimmt werden. Da jedoch, besonders im Hochgebirge, kaum Waagen entsprechender Genauigkeit verfügbar sind und außerdem Wägungen im Freien durch Windeinwirkungen zu große Fehler erleiden würden, kommt die Anwendung dieser Methode dort praktisch kaum in Frage.

### 8. Richtlinien für die Betreuung von Totalisatoren

Aus dem Vorstehenden ergeben sich folgende Richtlinien für die Betreuung von Hochgebirgstotalisatoren:

Konzentration und Menge der zur Beschickung eines Totalisatorsammelgefäßes erforderlichen Chlorkalziumlösung werden nach den im Beobachtungszeitraum zu erwartenden Niederschlägen und Tiefsttemperaturen berechnet. Die vorbereitete Lösung wird in das Sammelgefäß gefüllt und mit einem Verdunstungsschutzmittel überschichtet. Nach Befüllung werden im Sammelgefäß die Temperatur der Lösung, die Flüssigkeitsspiegelhöhe, und bei Verwendung von Petroleum dessen Schichtdicke bestimmt. Bei der nächsten Ablesung werden nach guter Durchmischung der Lösung wiederum die Temperatur der Lösung, die Petroleumschichtdicke und der Flüssigkeitsspiegelstand gemessen. Die Petroleumschicht wird, falls nötig, auf die erforderliche Schichtdicke ergänzt, wonach neuerlich der Flüssigkeitsspiegelstand (als Ausgangswert für die nächste Messung) bestimmt wird.

Die bei zwei aufeinanderfolgenden Messungen ermittelten Lösungsvolumswerte werden auf 20° C reduziert. Zur Differenz der beiden reduzierten Werte wird der errechnete Betrag der Verdünnungskontraktion zugezählt, womit man den Betrag der tatsächlich zwischen beiden Meßterminen der Lösung zugeführten Wassermenge erhält.

Die wesentlichsten Voraussetzungen für einen störungsfreien Betrieb von Hochgebirgstotalisatoren sind die richtige Wahl von Konzentration und Menge der Beschickungslösung und der Dicke der Petroleum- bzw. Paraffinölschicht, sowie eine gute Durchmischung des Gefäßinhaltes (vor allem nach stärkeren winterlichen Niederschlägen).

Ob und wieweit die Lösungskontraktions- und Temperaturkorrekturen anzubringen sind, hängt vom Meßprogramm und der erwünschten Meßgenauigkeit ab.

Werden z. B. zu 8 Liter Lösung (D = 1,34—1,32 bei 20—50° C) 12 Liter Wasser zugegeben, betragen bei Messung der verdünnten Lösung bei — 10° C die Korrekturen rund 3—4% der zugegebenen Wassermenge. Werden zu den gleichen Ausgangslösungen nur 0,4 Liter Wasser zugegeben, betragen bei Messung der verdünnten Lösung bei — 10° C die Korrekturen rund 30—45% der zugegebenen Wassermenge.

Sollen auch geringe Niederschlagshöhen bzw. einzelne Niederschlagsereignisse etwa im Rahmen eines Vergleichsprogrammes genau erfaßt werden, scheint die Anbringung der Korrekturen unbedingt erforderlich. Aber auch bei Erfassung der Jahresniederschlagssummen empfiehlt sich die zumindest größenordnungsmäßige Anbringung der Korrekturen, da ihre Vernachlässigung in jedem Falle zu niedrige Werte zur Folge haben würde (Fehler bis zu 3%).

### Literatur

D'Ans, J., und A. Lax, Taschenbuch für Chemiker und Physiker. 2. Auflage, Berlin 1949.

Heigel, K., Die Verminderung des Niederschlagsvolumens bei Monatstotalisatoren bei Verwendung von Chlorcalciumlösung. Met. Rundschau 12, 162—163 (1959).

Heigel, K., Die Verminderung des Niederschlagsvolumens durch Chlorcalciumlösung bei Monatstotalisatoren. VI. Internationale Tagung für alpine Meteorologie in Bled (1960). S. 197—200, Beograd 1962.

Heigel. K., Über die Korrektur des Niederschlagsdefizites bei Verwendung von Chlorcalciumlösung bei Monatstotalisatoren. Wetter und Leben 12, 375—377 (1960).

Hodgeman, Ch., Handbook of Chemistry and Physics. Cleveland, Ohio, 1960.

Kleinschmidt, E., Handbuch der meteorologischen Instrumente. Berlin 1935, S. 277.

Landolt-Börnstein, Physikalisch-chemische Tabellen. 5. Auflage, Berlin 1923—1936.

Steinhauser, F., Niederschlagskarte von Österreich für das Normaljahr 1901—1950. Beiträge zur Hydrographie Österreichs, Nr. 27, Wien 1953.

Tollner, H., Über die Realität der Messungen von Standard-Ombrometern, beurteilt nach Vergleichen mit neueren Methoden. Met. Rundschau 14, 25—30 (1961).

551.508.77(23)
# Zur Frage von Niederschlagsmessungen mit hangparallelen Gefäß-Auffangflächen im Hochgebirge

Von Hanns Tollner, Salzburg

Auf dem Rauriser Sonnblick in einer Höhe von 3076 m, 30 m unterhalb des Gipfels, wurde neben dem dort schon seit Jahrzehnten befindlichen Totalisators ein Niederschlagssammler gleicher Type **ohne** Nipher-Schutzrichter mit **hangparalleler** Auffangfläche des Gefäßes in Betrieb genommen (Abb. 1). Das in Rede stehende Gerät erhielt

Abb. 1. Totalisatoren auf dem Sonnblickgipfel mit horizontaler und mit hangparalleler Auffangfläche.

gleich wie der Totalisator daneben eine Chlorkalziumfüllung und einen Petroleumüberguß zur Vermeidung von Verdunstung des Gefäßinhaltes. Die Auffangfläche des Gefäßes befindet sich rund 4 m über dem Boden. Gemessen wurde jeweils immer am Monatsersten durch Abstich wie bei gewöhnlichen Totalisatoren.

Die Problemstellung bei der Verwendung des hangparallelen Niederschlagssammlers ohne Nipher war: Vermögen derartige Niederschlagsgeräte dem wahren Niederschlag im Hochgebirge gerecht zu werden oder nicht? Eine Klärung dieser Frage erscheint insofern von Nutzen, als die Ansichten über den Wert von Totalisatoren normaler Bauart derzeit noch immer recht auseinandergehen. Teils sollen sie zu viel Niederschlag, teils wieder zu wenig ausweisen.

Der Niederschlag des hangparallelen Gerätes wurde monatlich nur einmal gemessen, weil es galt, methodische Eigenheiten zu vermeiden, die den Normalombrometern (Österr. Gebirgsregenmesser und Hellmann-Ombrometer) mit zweimal täglicher Messung anhaften.

Durch Sonderuntersuchungen in Salzburg mit 9 Ombrometern und Totalisatoren wurde festgestellt, daß gewöhnliche Ombrometer nicht nur in großen Höhen des Gebirges beträchtliche Einbußen ihres Niederschlagsempfanges erleiden, sondern auch schon in Tieflagen von unter 500 m Seehöhe [1 und 2]. Die Ombrometer gewöhnlicher Bedienung wiesen im Jahr um mehr als 160 mm weniger Niederschlag als die Totalisatoren aus. Das Meßdefizit der Ombrometer gegenüber den Totalisatoren betrug 12 bis 15 Prozent der Jahressumme.

Ehe nun die Niederschlags-Meßleistung des hangparallelen Niederschlagssammlers durch einen Vergleich mit den Werten eines Totalisators beurteilt wird, ist es notwendig festzustellen, ob die Standard-Totalisatoren überhaupt als „Niederschlags-Absolutgeräte" angesprochen werden dürfen. In Salzburg wurde die Realität der Niederschlagsmessungen von Totalisatoren durch einen Vergleich mit den Meßergebnissen eines versenkten Ombrometers (englische Methode) wenigstens für die Zeit mit flüssigem Niederschlag einwandfrei erwiesen Das versenkte Ombrometer lieferte gleich große Niederschlagsmengen wie die Totalisatoren mit Gefäßoberflächen in 1,20 m Höhe über dem Boden. Der im Boden befindliche Unterteil des österreichischen Gebirgsniederschlagsmessers besaß analog wie die Totalisatoren eine Chlorkalziumfüllung und einen Petroleumerguß. Der Gefäßinhalt war damit ebenfalls gegen Verdunstung und gegen weitere Niederschlagsverluste, auf die im folgenden eingegangen wird, geschützt.

Unter dem atmosphärischen Niederschlag ist bekanntlich das Herabfallen von flüssigen oder festen Niederschlagsteilchen aus größeren Höhen auf die Erdoberfläche zu verstehen. Die Niederschlagserfassung ist demnach einwandfrei nur unmittelbar im Bodenniveau möglich. Im Gegensatz zu Klimaten ohne Schneefall bereitet sie in den kälteren Zonen der Erde mit wenigstens zeitweise gefrorenem Niederschlag und im Gebirge größere Schwierigkeiten. Die Ombrometergefäße müssen aus der Bodenfläche gehoben werden, und zwar höher als die zu erwartende maximale Höhe der winterlichen Schneedecke. In der in Österreich üblichen Ombrometerhöhe von 1,2 m über dem Boden sind nun die Ombrometer auch schon in Tieflagen einer störenden Windeinwirkung ausgesetzt. Eine nach aufwärts abgelenkte Windkomponente am Gefäß vermindert die Ablagerung von flüssigen und ganz besonders von festen Teilchen in die Gefäßöffnung. An der gleichen Stelle hätte der Erdboden etwas mehr Niederschlag erhalten.

Die Ombrometer erleiden in der Niederung nicht nur durch störende Windeinwirkungen Einbußen des Niederschlagsempfanges, sondern auch noch eine wesentlich stärkere Verminderung der Niederschlagsanzeige durch Verdunstung bereits aufgenommenen Niederschlagswassers innerhalb des Meßkübels und durch Entgang ebenfalls bereits vorhandenen Niederschlags fester oder flüssiger Art durch die Wandbenetzung bei jeder Einzelmessung. Niederschlagswasser innerhalb der Sammelgefäße verdunstet vor allem bei sehr hohen Lufttemperaturen und intensivem Sonnenschein. Groß ist auch die Verdunstung im offenen Unterteil des Gebirgsniederschlagsmessers bei flüssigen Niederschlägen im Winterbetrieb.

Benetzungsverluste durch das Anhaften von Niederschlagswasser an den Gefäßwänden ließen sich durch Versuche mit künstlichem Niederschlag bei den einzelnen Ombrometerarten genau ermitteln. Das Gebirgsombrometer mit aufgesetztem Trichter und eingesetztem Sammelgefäß büßte bei Messungen des Niederschlags 0,2 mm Wasser ein. Der Aufsatztrichter allein führte zu 0,15 mm Wasserverlust. Der Schneemesser (Unterteil des Gebirgsniederschlagsmessers) verlor im Durchschnitt 0,35 mm Wasser. Beim Hellmann-Ombrometer war der Wasserausfall im Mittel 0,25 mm. Die eben angeführten, an sich kleinen Wasserverluste an den Gefäßwänden fallen naturgemäß durch die Häufigkeit ihres Auftretens ins Gewicht. In Salzburg gingen bei einem durchschnittlichen Auftreten von 176 Tagen mit Niederschlag ≧ 0,1 mm in etwa 260 Fällen von 730 Meßterminen im Jahr bei jeder Niederschlagsmessung mit dem Gebirgs-Ombrometer zwischen 0,2 und 0,35 mm, je nachdem ob das Gerät komplett oder nur der Schneemesser allein verwendet wurde, verloren. Die durch die Wandhaftung verursachte Mindereinnahme an Niederschlag betrug beim Gebirgsniederschlagsmesser im Jahr 60 bis 70 mm, und gleich viel beim Ombrometer nach Hellmann.

Durch Vergleiche von Ombrometern mit Chlorkalziumfüllung usw. und von Niederschlagsmessern mit zweimal täglicher Ablesung ergab sich ein Niederschlagsdefizit von 50 bis 60 mm durch Verdunstung in den Normalgeräten. Und aus weiteren Vergleichen — auf Einzelheiten sei hier nicht näher eingegangen — konnte letztlich auch der Niederschlagsentgang durch Windeinwirkung von 20 bis 25 mm pro Jahr ermittelt werden. Das Meßdefizit der Normalombrometer auf dem Hohenpeißenberg war nach J. Grunow durch die Verdunstung und die Wandbenetzung sogar noch etwas größer als in Salzburg [3].

Es ist also, wie die vorigen Ausführungen bereits andeuteten, als völlig gesichert anzunehmen, daß die Totalisatoren normaler Bauart in Salzburg methodisch in der Lage waren, den atmosphärischen Niederschlag einwandfrei zu erfassen. Sie stellen damit wenigstens in der Niederung eine Art Niederschlags-Eichgerät dar. Wie aber steht es nun mit der Leistung der Totalisatoren in größeren Höhen des Gebirges?

Im Großglockner- und Sonnblickgebiet wurde die Leistung der Totalisatoren durch Vergleiche mit dem Wasserwert der Schneedecke in der unmittelbaren Nähe der Geräte überprüft. Es zeigte sich dabei, daß alle Niederschlagssammler zum Teil beträchtlich weniger Niederschlag auswiesen, als in der Umgebung in fester Form lagerte [4]. Eine quantitative Minderleistung der Totalisatoren ließ sich jedoch streng genommen daraus nicht ableiten, weil an den Prüfstellen auch unterschiedlich große Mengen von Treibschnee abgelagert wurden, die natürlich nicht als Primärniederschlag anzusehen sind.

Abflußmessungen in verschiedenen Tauernachen verlangten bei Berücksichtigung der Gebietsverdunstung vielfach weit größere Niederschlagshöhen als die monatlich gemessenen Niederschlagssammler anzeigten. Aber auch die Wasserführung der Hochalpengerinne lieferten noch keinen realen Beweis auf eine Minderleistung der Totalisatoren, da in den Abflüssen der Hochgebirgsgewässer eine schwer zu bestimmende und häufig meist beträchtliche „Gletscherspende" enthalten war, die die Gletscher bei Substanzverlust in Zeiten des Eisschwundes gewährten. Diesbezügliche Berechnungen ergaben, daß in manchen Jahren bis zu 25 Prozent der Jahreszuflußmenge in hochalpine Speicheranlagen aus der Gletscherspende, aus dem Abschmelzen des Gletschereises von früher her, stammte.

Untersuchungen des Niederschlags, der Verdunstung und des Abflusses in hoch gelegenen, aber nicht vergletscherten ostalpinen Gebirgsteilen (Reißeckgruppe) ergaben, daß die Meßergebnisse von Totalisatoren auch in hohen Gebirgslagen recht gut mit den Abflußwerten in Einklang gebracht werden können. Darüber wird an anderer Stelle berichtet.

E. Kleinschmidt [5] und K. Heigel [6] stellten fest, daß die Verwendung einer Chlorkalziumlösung je nach dem Volumen und der Konzentrierung der Ausgangslösung wegen eigenartiger Kontraktionsverhältnisse bei der Hydratbildung unter allen Umständen eine beträchtliche Verminderung des Niederschlagsvolumens verursacht. K. Heigel beobachtete, daß das Auflösen von Chlorkalzium in warmem Wasser, was von den Meßorganen gerne geübt wird, zwangsläufig zu beträchtlichen Niederschlagsdefiziten führt. Je größer die Chlorkalziumkonzentration verwendet wird, um so größer fällt in der Zeit nach der Füllung des Meßgefäßes bei Niederschlägen das Meßdefizit aus.

K. Heigel empfahl daher, die Ausgangslösung nicht zu stark zu konzentrieren, um die durch die chemischen Umsetzungen auftretenden unerwünschten Volumsänderungen herabzusetzen. Eine Dosierung der Anfangslösung ist jedoch in der kalten Jahreszeit im Hochgebirge undurchführbar. Der feste, in den Meßkübel gefallene Niederschlag muß möglichst rasch schmelzen, und weiters darf die durch den Niederschlag verdünnte Lösung

Tabelle 1. Monats- und Jahresmengen des Niederschlags auf dem Sonnblick in mm (Zeitabschnitt 1959 bis 1964)

| | Jan. | Febr. | März | April | Mai | Juni | Juli | Aug. | Sept. | Okt. | Nov. | Dez. | Summe |
|---|---|---|---|---|---|---|---|---|---|---|---|---|---|
| "Hangparalleler Niederschlagssammler" | | | | | | | | | | | | | |
| 1959 | 300 | 100 | 160 | 460 | 400 | 500 | 300 | 339 | 25 | 100 | 60 | 340 | 3084 |
| 1960 | 520 | 200 | 400 | 340 | 220 | 440 | 520 | 350 | 480 | 320 | 440 | 180 | 4410 |
| 1961 | 160 | 380 | 320 | 320 | 440 | 220 | 500 | 300 | 80 | 120 | 240 | 360 | 3440 |
| 1962 | 240 | 180 | 280 | 620 | 340 | 340 | 220 | 120 | 220 | 180 | 200 | 240 | 3180 |
| 1963 | 152 | 90 | 160 | 188 | 300 | 380 | 362 | 488 | 212 | 100 | 304 | 36 | 2772 |
| 1964 | 24 | 360 | 160 | 380 | 312 | 424 | 332 | 320 | 180 | 440 | 360 | 300 | 3592 |
| Mittelwert | 233 | 218 | 247 | 385 | 335 | 384 | 372 | 320 | 200 | 210 | 267 | 243 | 3413 |
| Totalisator "Sonnblick normal" | | | | | | | | | | | | | |
| 1959 | 220 | 200 | 140 | 260 | 460 | 300 | 360 | 500 | 25 | 100 | 60 | 200 | 2825 |
| 1960 | 480 | 200 | 300 | 220 | 180 | 220 | 340 | 200 | 220 | 300 | 400 | 160 | 3220 |
| 1961 | 140 | 360 | 320 | 240 | 420 | 200 | 300 | 280 | 40 | 100 | 180 | 260 | 2840 |
| 1962 | 280 | 240 | 250 | 480 | 360 | 340 | 160 | 100 | 180 | 140 | 100 | 304 | 2934 |
| 1963 | 168 | 90 | 212 | 180 | 196 | 152 | 180 | 224 | 176 | 120 | 300 | 16 | 2014 |
| 1964 | 48 | 360 | 188 | 280 | 272 | 268 | 172 | 220 | 172 | 308 | 315 | 260 | 2863 |
| Mittelwert | 223 | 242 | 235 | 277 | 315 | 247 | 252 | 254 | 136 | 178 | 226 | 200 | 2785 |
| Ombrometer "Nord" | | | | | | | | | | | | | |
| 1959 | 93,1 | 26,3 | 63,5 | 187,6 | 100,2 | 146,0 | 109,1 | 97,6 | 16,9 | 119,2 | 82,6 | 117,3 | 1159,4 |
| 1960 | 139,2 | 126,8 | 127,6 | 226,1 | 86,5 | 131,9 | 142,7 | 120,7 | 162,9 | 209,3 | 137,1 | 134,5 | 1745,3 |
| 1961 | 70,2 | 222,3 | 129,1 | 157,0 | 275,7 | 93,8 | 159,3 | 97,7 | 39,0 | 73,9 | 97,0 | 107,7 | 1522,7 |
| 1962 | 157,8 | 165,6 | 127,6 | 150,8 | 390,5 | 195,9 | 109,9 | 124,2 | 78,1 | 76,3 | 151,7 | 125,0 | 1853,4 |
| 1963 | 71,3 | 39,5 | 106,4 | 66,9 | 162,6 | 132,2 | 118,2 | 146,7 | 100,1 | 37,2 | 173,2 | 26,6 | 1180,9 |
| 1964 | 29,3 | 73,9 | 81,4 | 159,2 | 108,7 | 107,1 | 74,6 | 75,0 | 72,7 | 238,3 | 119,2 | 106,1 | 1245,5 |
| Mittelwert | 93,5 | 109,1 | 105,9 | 157,9 | 157,4 | 134,5 | 119,4 | 110,3 | 78,3 | 125,7 | 126,8 | 102,9 | 1451,2 |
| Ombrometer "Süd" | | | | | | | | | | | | | |
| 1959 | 98,3 | 44,5 | 85,1 | 189,0 | 136,7 | 417,2 | 170,6 | 206,0 | 18,9 | 61,1 | 47,3 | 206,4 | 1681,1 |
| 1960 | 130,7 | 123,3 | 245,3 | 353,4 | 128,6 | 189,3 | 235,9 | 169,4 | 144,7 | 134,5 | 131,9 | 71,7 | 2058,7 |
| 1961 | 56,7 | 142,1 | 115,5 | 140,7 | 250,6 | 157,8 | 235,5 | 173,3 | 66,6 | 65,5 | 62,6 | 159,9 | 1626,8 |
| 1962 | 161,3 | 147,9 | 134,9 | 305,6 | 594,5 | 243,0 | 183,1 | 150,9 | 136,5 | 71,0 | 103,0 | 121,2 | 2352,9 |
| 1963 | 62,1 | 45,9 | 157,3 | 85,7 | 196,4 | 151,4 | 159,4 | 151,6 | 112,2 | 66,8 | 120,1 | 34,1 | 1343,0 |
| 1964 | 25,4 | 98,6 | 80,5 | 174,9 | 174,9 | 115,2 | 131,4 | 136,0 | 111,9 | 208,9 | 176,5 | 58,3 | 1492,5 |
| Mittelwert | 89,1 | 100,4 | 136,4 | 208,2 | 247,0 | 212,3 | 186,0 | 164,5 | 98,5 | 101,3 | 106,9 | 108,6 | 1759,2 |
| Totalisator minus hangparalleler Niederschlagssammler | | | | | | | | | | | | | |
| | − 10 | + 24 | − 12 | − 108 | − 20 | − 137 | − 120 | − 66 | − 64 | − 32 | − 41 | − 43 | − 628 |

nicht gefrieren. Im Hochgebirge muß sogar sorgfältig darauf geachtet werden, die Chlorkalziumlösung im Winter möglichst konzentriert zu halten, was bei Ablesungen einmal im Monat leider nicht immer gelingt, da erhebliche Niederschlagsmengen die Lösungsflüssigkeit sehr verdünnen und bereits bei relativ nicht sehr tiefen Temperaturen ein Gefrieren beginnt. Das Verhalten von Chlorkalziumlösungen unterschiedlicher Konzentration wurde im Kühlschrank der Materialprüfstelle der Tauernkraftwerke von F. Mitterecker bei verschiedenen Frosttemperaturen untersucht [1 und 2].

Die Totalisatoren im Hochgebirge sind, wie nicht verschwiegen werden soll, im Winter durch die tiefen Temperaturen etwas beeinträchtigt. Die in die Chlorkalziumlösung gelangten Schneekristalle lösen sich bei lang andauerndem Schneefall mitunter nicht mit der erstrebenswerten Geschwindigkeit auf. An der Flüssigkeitsoberfläche bildet sich ein Schneebrei, der ein Einsinken und Auflösen neu hinzukommender Schneeteilchen bedeutend erschwert. Da diese breiige Oberflächenschicht im Gefäß bereits chlorkalziumverarmt ist, genügt gelegentlich schon mäßiger Frost, daraus einen Eiskuchen zu bilden. Bei Totalisatoren mit monatlicher Ablesung läßt sich in der kalten Jahreszeit in hohen Gebirgslagen nach stärkeren Niederschlägen das Entstehen gefrierender Eiskuchen an der Oberfläche der Gefäßflüssigkeit manchesmal nicht vermeiden.

Diese eben geschilderte Unzulänglichkeit der Standard-Totalisatoren dürfte mengenmäßig keinen erheblichen Niederschlagsverlust bedeuten, zumal die Niederschlagssammler in einem großen, hochgelegenen Gebirgsraum der Ostalpen, wie bereits früher erwähnt, Ergebnisse boten, die mit dem Wasseranfall in den Gerinnen befriedigend übereinstimmten.

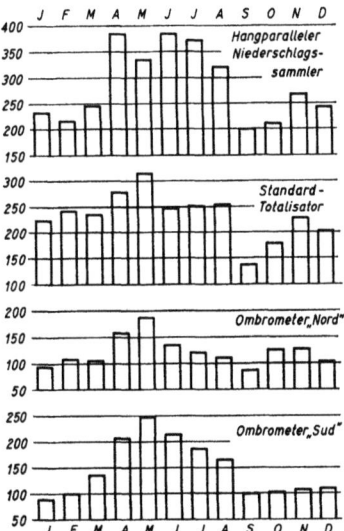

Abb. 2. Jahresgang des Niederschlages auf dem Sonnblick nach verschiedenen Meßgeräten (1959—1964).

Die Totalisatoren des Hochgebirges mögen — gute Wartung und einwandfreie Aufstellung vorausgesetzt — vielleicht um 10 bis 15 Prozent zu niedrige Niederschlagswerte bieten, mehr aber kaum. Eine völlig gleiche Beeinträchtigung des winterlichen Niederschlagsempfanges durch gelegentliche Eisbreibildung erleidet übrigens auch der chlorkalziumgefüllte hangparallele Niederschlagsmesser. Den Niederschlagswerten aus Totalisatoren im ostalpinen Hochgebirge darf auf Grund der vorstehenden Ausführungen durchaus der Charakter „nahezu einwandfrei" zugebilligt werden. Damit können sie auch letztlich gewissermaßen als Eichgerät zur Beurteilung anderer Niederschlagsmethoden herangezogen werden.

In der Tabelle 1 werden zur Orientierung über die Niederschlagseinnahmen des hangparallelen Niederschlagssammlers auf dem Sonnblick die Meßergebnisse der sechs Beobachtungsjahre monatsweise ausgewiesen und zum Vergleich die Daten des normalen Totalisators „Sonnblick normal" und die Meßwerte der ungeschützten Ombrometer „Nord" und „Süd" des Sonnblickgipfels hinzugefügt.

Der hangparallele Niederschlagssammler vereinnahmte nach dem sechsjährigen Mittel pro Jahr 3413 mm, während der normale Totalisator nur 2785 mm erreichte. Das Niederschlagsgerät mit hangparalleler Auffangfläche des Gefäßes erzielte damit gegenüber dem Standard-Totalisator eine Mehrleistung von 23 Prozent. Das Niederschlagsdargebot der Ombrometer auf dem Sonnblickgipfel blieb erwartungsgemäß infolge starker

Windeinwirkung wesentlich unter der Totalisatormenge. Das Ombrometer „Nord" verzeichnete ein Defizit von 48 und das Gerät „Süd" von 37 Prozent.

Der jahreszeitliche Gang der im hangparallelen Niederschlagsmesser ermittelten Niederschläge deckt sich nicht ganz mit den Ergebnissen des Totalisators und der beiden Ombrometer. Das Maximum des monatlichen Niederschlags ist beim hangparallelen Gerät jahreszeitlich nach vorne in den April verschoben. Ein ebenso großes Maximum stellte sich im Juni ein. Der Totalisator und die Ombrometer erreichten einheitlich und ausgesprochen deutlich das Niederschlagsmaximum im Mai. Das in der Niederung im Juli auftretende Maximum des Niederschlags ist in hohen ostalpinen Gebirgslagen in jahreszeitlicher Hinsicht häufig um ein bis zwei Monate nach vorn gerückt [7 und 8]. In der Frage des Eintrittes des Maximums des Niederschlags auf dem Sonnblick sei erwähnt, daß nach F. Steinhauser [9] in der Periode 1901 bis 1930 die Höchstwerte im Sommer auftraten. Das Aprilmaximum des Niederschlags vom hangparallelen Gerät **ohne Windschutz** dürfte mit den spezifischen Windverhältnissen dieses Monats zusammenhängen. Die Minima des Niederschlags stellten sich bei allen Meßgeräten einheitlich im September ein.

Der wahre jahreszeitliche Verlauf des Niederschlags (vgl. Abb. 2), repräsentiert durch den Normal-Totalisator, dürfte, wie bereits früher angedeutet, durch den Niederschlagssammler mit hangparalleler Auffangfläche — wenigstens was die Höchstwerte betrifft —, etwas verfälscht erfaßt worden sein. Weiters entsprechen die von diesem Gerät dargebotenen Mengen des Niederschlags kaum den wahren Niederschlagsverhältnissen auf dem Gipfelaufbau des Rauriser Sonnblicks. Die durchschnittliche Jahresmenge von 3413 mm (um 23% mehr als der Normal-Totalisators anzeigte) ist vermutlich zu hoch. Nur ein einziges Mal, nämlich im Februar, zeigte der Totalisator etwas mehr Niederschlag als der hangparallele Niederschlagsmesser an. In allen übrigen Monaten, im Juni bis zu 137 mm, wies der hangparallele Niederschlagssammler wesentlich mehr Niederschlag als der Totalisator aus.

Unter den auf dem Sonnblick herrschenden atmosphärischen und geländemäßigen Bedingungen ist es demnach nicht ratsam, einen Standard-Totalisator durch einen windungeschützten Niederschlagssammler mit **hangparalleler** Auffangfläche des Gefäßes und Chlorkalziumfüllung zu ersetzen. Ob sich nun hangparallele Niederschlagsgeräte an anderen Stellen des Gebirges unter anderen orographischen und meteorologischen Gegebenheiten ebenfalls nicht recht bewähren, soll hier nicht diskutiert werden. Dies müßten erst entsprechende Untersuchungen ergeben.

### Literatur

[1] Tollner, H., Über die Realität der Messungen von Standard-Ombrometern, beurteilt nach Vergleichen mit neueren Methoden. Met. Rundschau **14**, 1—7 (1961).

[2] Tollner, H., Über die Realität der Niederschlagsmessungen von Standard-Ombrometern in außeralpinen Tieflagen. Wiss. Zschr. Karl-Marx-Univ., Leipzig, **9**, 483—484 (1959/60).

[3] Grunow, J., Probleme der Niederschlagserfassung und ihre Bedeutung für die Wirtschaft. Met. Rundschau **9**, 62 (1956).

[4] Böck, H., Zur Methode von Niederschlagsmessungen im Hochgebirge. Österr. Wasserkraftwirtsch. **1951**, 103—107.

[5] Kleinschmidt, E., Handbuch der meteorologischen Instrumente, S. 277, Berlin 1935.

[6] Heigel, K., Die Verminderung des Niederschlagsvolumens bei Monatstotalisatoren bei Verwendung von Chlorkalziumlösung. Met. Rundschau **12**, 162 (1959).

[7] Tollner, H., Zum jahreszeitlichen Gang der Niederschläge in ostalpinen Hochlagen. Wetter und Leben **12**, 292—294 (1961).

[8] Mitterecker, F., und H. Tollner, Ergebnisse von Niederschlagsmessungen mittels Totalisatoren im Großglocknergebiet. 58.—59. Jahresber. d. Sonnblick-Vereines, 50—63 (1963).

[9] Steinhauser, F., Über die Struktur des Jahresganges des Niederschlages am Zentralalpenkamm. Wetter und Leben **2**, 1—4 (1949).

# Die meteorologischen Einrichtungen des Observatoriums auf dem Pic du Midi

Von R. Garcia, Observatoire du Pic du Midi, Frankreich

Mit 2 Abbildungen

Als Vorposten der Kette der Pyrenäen, 30 km nördlich der Hauptkammlinie gelegen, beherrscht der Pic du Midi mit 2860 m Seehöhe die Ebenen von Basque, Béarn, Gascogne und der Languedoc. Von diesem begeisternden Aussichtspunkt enthüllt sich dem Auge

Abb. 1. Blick vom Taouletgipfel auf den Pic du Midi.

ein unvergleichliches Panorama: 30 km südlich die Pyrenäenkette, im Westen Biarritz und der Atlantische Ozean, im Osten der Montagne Noire (Schwarzes Gebirge) und das Vorgebirge von Ariège, im Norden die endlose Ebene mit dem — gelegentlich sichtbaren — Vorhang des Hintergrundes: dem Bergland des Zentralmassivs (Sarcy, Puy Mary und Plomb du Cantal) in mehr als 310 km Entfernung.

Seit mehr als 200 Jahren erregt dieser exponierte Punkt das Interesse der Gelehrten: bereits 1775 beabsichtigte der Physiker Darcet die Errichtung einer bewohnten Station zum Zwecke meteorologischer Beobachtungen. Die Französische Revolution vereitelte dieses Projekt, das der Vergessenheit anheimfiel. Erst später, um 1800 kam Ramond de Carbonnieres mehrmals darauf zurück und stellte ein Forschungsprogramm auf, das dort realisiert werden sollte. Im Jahre 1856 gründete eine kulturelle Vereinigung von Bagnères — die Ramond-Gesellschaft — auf der Paßhöhe von Sencours eine wissenschaftliche Station. Die Idee entsteht in derselben Zeit, in der Leverrier den Meteorologischen Dienst Frankreichs ins Leben ruft und das Beobachtungsnetz begründet. 1873 ist das Gründungsjahr einer meteorologischen Hochstation in Sencours. Zwei Männer, voll Begeisterung, Opferbereitschaft und Uneigennützigkeit, der General de Nansouty

Abb. 2. Das Observatorium auf dem Pic du Midi.

und der Ingenieur Vaussenat, entfalten eine emsige Tätigkeit, und im Juli 1878 erfolgt die Grundsteinlegung des Observatoriums auf dem Pic du Midi. Jedoch nur zu schnell wächst das Unternehmen und übersteigt die begrenzten Mittel seiner Schöpfer. Am 7. September 1882 erfolgt die Übergabe des Observatoriums an den Staat.

Das Observatorium, das ursprünglich nur der Meteorologie zugedacht war, wurde auch ein astronomisches und geophysikalisches Observatorium, dem eine meteorologische synoptische Station angegliedert ist.

Seit 1943 wird das Observatorium durch das Personal des staatlichen französischen Wetterdienstes betreut. Vorher wurden die Beobachtungen von Physikern ausgeführt.

Gegenwärtig arbeiten dort drei Beobachter und gewährleisten den „klassischen" Betrieb einer synoptischen Station:

kontinuierliche Wetterbeobachtungen von 05.45 bis 18.15 Uhr Weltzeit,

dreistündige Meldungen um 06, 09, 12, 15 und 18 Uhr Weltzeit,

Ausstrahlung von Sondermeldungen bei jähen Wetteränderungen,

Auskunftstätigkeit an Interessenten: Wissenschafter und allgemeine Dienste am Observatorium, Industrie und Gebirgstourismus der Pyrenäen.

Andererseits strahlt eine automatische Station (Sender 400 MHz, 12 V, Batterien und Transformator 110 V) während der Nacht um 21, 00 und 03 Uhr Weltzeit folgende

Meldungen aus: Lufttemperatur, Luftdruck, Luftfeuchte, Windstärke und Windrichtung. Die Sendungen werden von der meteorologischen Hauptstation des Flughafens Toulouse-Blagnac aufgefangen, der sich etwa 100 km entfernt befindet. An der Basis ist ein Metallbau von einer Höhe von drei Etagen eingerichtet. Im Innern einer der Masten aus Metallgestänge, der außerdem die Fernsehantenne trägt, befindet sich der Beobachterstand.

Erdgeschoß: Batterieraum, Magazin, Archivräume,

I. Stock: Automatische Station und Wartung,

II. Stock: Beobachterraum, Registrierinstrumente, Balkon für die Instrumente der meteorologischen Hütte.

Die Anemometergeber, die mit Heizwiderständen ausgestattet sind, sind auf der Spitze des Mastes angebracht, 25 m über Grund.

Pluviometer und der Jordan-Sonnenscheinautograph stehen auf einer Südterrasse des Observatoriums. Der zur Zeit bestehende Standort wird aufgelassen werden. Der französische Wetterdienst muß sich als Miteigentümer mit der französischen Radio- und Fernsehgesellschaft, der Universität von Toulouse, der Luftfahrtorganisation und dem Post- und Fernmeldedienst im „interministeriellen" Gebäude einrichten. Dieses Gebäude wurde in fünfjähriger Bauzeit errichtet, wobei durch die Einebnung eines Teiles des Gipfels des Pic du Midi eine Plattform geschaffen wurde.

Eine geräumige Beobachterkanzel mit verglasten Seitenwänden ist 12 m lang und 4 m breit. Darüber befindet sich eine Terrasse. Von dieser Dachterrasse aus, auf der die meteorologische Hütte, die Aktinometer, der Pluviograph und das Anemometerrohr eingerichtet werden, überblickt man den gesamten Horizont.

Über der Beobachterkanzel wird ein kleines Zimmer, ursprünglich dazu bestimmt, um die Batterien der automatischen Station zu beherbergen, als Dunkelkammer ausgestattet und könnte später eventuell Photolabor werden.

Die Zimmer des Wetterdienstes, die Gemeinschaftsräume (Waschräume, u. a.) befinden sich in einem Wohnkomplex, der das Personal der verschiedenen Disziplinen aufnehmen wird.

Während der vier Sommermonate ist der Pic du Midi durch eine Straße mühelos erreichbar, dagegen bleiben vom November bis Ende Juni die Seilbahnen Mongie—Taoulet und Taoulet—Pic du Midi die einzige Verbindung zwischen Ebene und Gipfel. Eine Funkverbindung besteht zwischen dem Observatorium und der Station von Bagnères de Bigorre.

Der Pic du Midi wird mit der nötigen Energie vom Wasserkraftwerk von Artigues versorgt. Eine Leitung, die teilweise als Freileitung, zum überwiegenden Teil aber als Erdleitung verläuft, kanalisiert 15 000 V.

Dank des günstigen Standortes wird die künftige Station dem Wetterdienst Mittel zur Verfügung stellen, die er an diesem Ort überhaupt noch nie hatte, und ihm damit ganz neue Perspektiven erschließen.

551.324.6(436)

# Über die Veränderungen der Gletscher im Großglockner- und Sonnblickgebiet in den Jahren 1963 und 1964[1]

Von Hanns Tollner, Salzburg

Mit 2 Textabbildungen und einer Bildtafel

Im Eishaushaltsjahr 1962/63 (1. Oktober 1962 bis 30. September 1963) erfolgte an allen Gletschern des Untersuchungsgebietes ein unterschiedlich starker Massenverlust. Der Abtrag auf den Zungenflächen überwog überall den Zuwachs auf den Firnfeldern. Damit vermochten die Speicheranlagen der Tauernkraftwerke A.G. infolge Einnahme einer zum Teil beträchtlichen „Gletscherspende" einen wesentlich größeren Wasserzufluß als im Vorjahr zu erzielen.

Die Zungenenden der untersuchten Gletscher wichen innerhalb eines Jahres zwischen 4,1 und 40 m zurück. Als maximale Jahresfirnschicht 1962/63 wurde eine Rücklage von 195 cm erbohrt. Der Wasserwert der einzelnen Ablagerungen der Zeit Oktober 1962 bis einschließlich September 1963 schwankte zwischen 0,54 und 0,61. Die Jahresfirnrücklagen erwiesen sich damit etwas dichter als im Vorjahr. Die maximale Höhe der Altschneelinie wurde zwischen 2750 und 3000 m erkannt. An vielen Stellen tauchten unterhalb der Schneegrenze 1963 häufig die Jahresfirnrücklagen 1960/61, 1959/60 und 1958/59 auf.

Die Oberfläche der einzelnen Firnbereiche zeigte sich 1963 wesentlich spaltenreicher als 1962. Die an den Seiten und unterhalb der Gletscher angelagerten Altschneefelder hatten sich von 1962 auf 1963 hinsichtlich ihrer Zahl und ihrer Ausdehnung stark verringert. An den Hängegletschern wurde „Eiskalben" in etwa gleicher Intensität wie 1962 beobachtet.

Der Zeitabschnitt 1. Oktober 1963 bis 30. September 1964 (Eishaushaltsjahr 1963/64) verlief außerordentlich gletscherabträglich. Bei allen untersuchten Eiskörpern wichen die Zungenenden seit 1963 mäßig bis stark zurück, sanken die Zungenoberflächen beträchtlich ein, erreichte die Firngrenze, die Trennlinie zwischen Zehr- und Nährgebiet, eine verhältnismäßig hohe Lage und vermochten die Firnfelder als Speicherräume der Eisareale nur eine beträchtlich unternormale „Jahresfirnrücklage" zur Gletscherernährung einzubehalten. Da sich der Massenverlust bei verschiedenen Gletschern ziemlich unterschiedlich erwies, boten sie eine unterschiedlich große „Gletscherspende", was letztlich auch in den einzelnen Zuflußmengen zu den Speicheranlagen der Tauernkraftwerke A.G. deutlich zu erkennen war.

Das Ausmaß der Wasserführung der Hochgebirgsgerinne der Großglocknergruppe bzw. der Wasseranfall in die Sammelbecken der Tauernkraftwerke A.G. in der Zeit vom 1. Oktober 1963 bis 30. September 1964 erscheint im Hinblick auf die meist großen Gletscherspenden des vereisten Hochgebirges ohne Kenntnis und ohne Berücksichtigung der meteorologischen Gegebenheiten des Eishaushaltsjahres 1963/64 unverständlich.

---

[1] An den Messungen und Untersuchungen waren beteiligt: E. Fischer, U. Friedrich, W. Fally, H. und L. Götz und die Angehörigen der Tauernkraftwerke AG. Ing. F. Mitterecker, Ing. K. Baumgartner, Ing. Buchner, K. Höllbacher und L. Jäger. Ihnen allen sei für ihre nicht ungefährliche Mitarbeit — es gab 1964 20 Einbrüche in Spalten — verbindlichst gedankt.

Das Gesamtausmaß der atmosphärischen Niederschläge blieb im Haushaltsjahr 1963/64 stark unternormal. Das Niederschlagsdefizit betrug in allen Höhenlagen des Großglocknergebietes vom 1. Oktober 1963 bis 30. September 1964 mehr als 20 Prozent des langjährigen Durchschnitts. Die maximale Schneehöhe der Akkumulation ab Oktober 1963 blieb im Niveau von 3000 m um 1½ bis 2 m unternormal. Damit fehlte in dieser Höhenlage im Mai 1964 pro Quadratmeter Fläche eine Wassermenge von mehr als 700 Litern. Was den Wassergehalt der schneeigen Ablagerungen in der Zeit der höchsten Mächtigkeit betrifft, sei auf das Ergebnis früherer Untersuchungen im Großglockner- und Sonnblickgebiet verwiesen[2].

Der ungewöhnlich niederschlagsarmen kalten Jahreszeit folgten mehrere niederschlagsarme Monate im Frühling und Sommer nach. Zuletzt begann auch der Sommer mit starker Ablation auf den Gletschern ziemlich früh und weiters verlief der Bergsommer

Tabelle 1. Natürliche Wasserzuflüsse zu den Speicheranlagen der Tauernkraftwerke A.G. in % des langjährigen Durchschnitts.

|  | 1. 10. 1962 bis 30. 9. 1963 | 1. 10. 1963 bis 30. 9. 1964 |
|---|---|---|
| Margaritzenspeicher (Möll) .... | 103,5 | 90 |
| Leiterbach ................. | 100 | 85 |
| Mooserbodenspeicher ........ | 104 | 72 |
| Wasserfallbodenspeicher ...... | 62 | 59 |

zum Schaden der Gletscher größtenteils auch noch strahlungsreich. Die Folge davon war ein starker Aufbruch von Firn im Nährgebiet und von Eis auf der Zehrfläche der Gletscher. Die Gerinne aus stark vergletscherten Einzugsgebieten (Möll) erzielten infolge der zusätzlichen reichlichen Gletscherspende trotz Niederschlagsarmut noch eine relativ hohe Wasserführung (vgl. Tabelle 1). Jene aus geringer vereisten Räumen erreichten in der Zeitspanne vom 1. Oktober 1963 bis 30. September 1964 nur geringe Abflußmengen.

### Einzelergebnisse

Pasterzengletscher.

Die Messungen im Zungengebiet der Pasterze wurden 1963 ebenso wie in früheren Jahren von Prof. Paschinger mit Angehörigen des Geographischen Institutes der Universität Graz im Auftrag des Österreichischen Alpenvereines vorgenommen. Im Bereich des moränenfreien Teiles betrug der Zungenrückgang stellenweise 20 bis 40 m. Im moränenbedeckten Zungenteil war die Verkürzung im Durchschnitt 8,6 m. Die untersten Zungenflächen zeigten 1963 erstmals bedrohliche Zerfallserscheinungen. An der Gefällsstufe unterhalb der Franz-Josefs-Höhe gelangten Felsfenster aus dem Untergrund zum Vorschein.

Die Oberfläche der Pasterzenzunge sank seit 1962 ansehnlich weiter ein (Abb. 1), und zwar im Mittel des Zungenbereiches von 6 km² Fläche um 3,9 m. Damit ergab sich ein Volumsverlust des Pasterzenzungengebietes nach H. Paschinger von 23,4 m³ Eis, das sind rund 18,7 Millionen m³ Wasser.

Auf dem Firngebiet der Pasterze ließ sich die Jahresfirnrücklage 1962/63 von den Angehörigen der Tauernkraftwerke A.G. nur ungenau ermitteln, da die Ablagerung 1962/63 nicht immer einwandfrei festgestellt werden konnte. Innerhalb der Firnfläche

---

[2] Tollner, H., Über Schwankungen von Mächtigkeit und Dichte ostalpiner Firnfelder. Arch. Met. Geoph. Biokl. B **3**, 189−208, (1951).

gab es auch Stellen, an denen die Rücklage 1962/63 gänzlich abgeschmolzen war und die Firndecke 1961/62 an der Oberfläche lag. Die gegrabenen Schächte, die Schneepegel und die Spalten ließen auf eine mittlere Höhe der Restfirnlage Oktober 1962 bis Mitte September 1963 von 140 cm schließen. Bei einer Durchschnittsdichte von 0,59 ergab sich damit für das Firngebiet der Pasterze eine Jahresfirnrücklage von 10,7 Millionen m³ Wasser. Berücksichtigt man den etwas unternormalen Niederschlag des Hydrologischen Jahres 1962/63 und einen mäßigen Betrag aus der Vertikalkomponente der Gletscherbewegung im Zehrgebiet, so erscheint die Wassereinnahme des Margaritzenspeichers von 1962 auf 1963

Abb. 1. Zungenende der Pasterze am 31. 8. 1963

im Vergleich zum „Normalwert" als wesentlich zu gering. Auf die Ursache dieser Erscheinung wird an anderer Stelle ausführlich zurückgekommen.

Die Häufigkeit der Spalten im Firngebiet der Pasterze hatte im Vergleich zum Vorjahr deutlich zugenommen.

Von 1963 auf 1964 verlor der Pasterzengletscher wieder bedeutend an Eissubstanz (Abb. 2). Im Firngebiet wurde aus 90 Messungen eine Jahresfirnrücklage 1963/64 von etwa 0,9 m ermittelt. 27 Dichtemessungen in 9 Schachtgrabungen ergaben einen Mittelwert von 0,56. Damit betrug der Wasserwert der Jahresfirnrücklage 1963/64 ungefähr 6,55 Millionen m³ Wasser.

Die Pasterzenzunge büßte im Eishaushaltsjahr 1963/64 nach Messungen und Berechnungen von H. Paschinger und Mitarbeitern 22 Millionen m³ Eismasse ein. Dieser Eisschwund des Zungengebietes der Pasterze bedeutete eine Substanzverminderung von 17,6 Millionen m³ Wasser. Unter Bedachtnahme auf die Menge der Jahresfirnrücklage, den Eisverlust der Zunge, das Dargebot mäßiger Größe aus der Vertikalkomponente der Gletscherbewegung im Zehrgebiet und das Niederschlagsdefizit von etwa 20% des Hydrologischen Jahres steht die Wasserzufuhr in den Möllspeicher wieder nicht recht in Einklang mit den glazial-meteorologischen Gegebenheiten des Eishaushaltsjahres 1963/64.

Die Oberfläche des Firngebietes der Pasterze (Oberster Pasterzenboden mit Rifflwinkel im Norden und Schneewinkel im Süden) zeigte sich am Ende des Haushaltsjahres 1963/64 im Vergleich zu den Jahren um 1950 herum noch immer sehr spaltenarm, aber nicht mehr so spaltenarm wie im Vorjahr. Trotz des beträchtlichen Einsinkens der Firnoberfläche innerhalb der letzten 12 Monate ist das Firnniveau meist noch höher als vor einer Reihe von Jahren. Die von der Abteilung Vermessung der Tauernkraftwerke A.G. ausgeführten Absolutmessungen im Firnbereich der Pasterze ergaben von 1963 auf 1964 ein Einsinken der Firnoberfläche von 2,07 bis 0,87 m.

Abb. 2. Zungenende der Pasterze am 29. 8. 1964

Wasserfallwinkelkees.

Der Wasserfallgletscher hatte von 1962 bis 1964 mindestens mäßig an Substanz eingebüßt. 1963 verlief die Firngrenze zwischen 2850 und 2900 m, 1964 in etwa 2900 m. Bei den Marken im Bereich des schmalen Zungenteiles, der im Bereich der Talung des Gletscherbaches etwas nach unten vorstieß, betrug der Rückzug 17,9, 12,0 und 26,5 m. Im Jahre 1964 war dieser schmale Eisstreifen bereits abgeschmolzen. Die weiteren Marken im Vorland des Gletschers zeigten alle ein Rückweichen der Zunge (1. Zahl Messung 1963, 2. Zahl Messung 1964). D von 22,0 und 0,1 m, E von 13,7 und 2,7 m, K von 7,3 und 1,9 m, L von 5,0 und 2,0 m, M von 4,5 und 1,5 m, F von 1,1 und 1,9 m und H von 1,2 und 1,9 m.

Karlingerkees.

Das ehemalige Zungenende des Karlingerkeeses, das Resteis unterhalb des felsigen Absturzes, das sich seit Jahren zähe behauptete, verringerte seine horizontale Ausdehnung von 1962 auf 1963 um 15,5 m und von 1963 auf 1964 um 11,5 m. Daß dieses frühere Zungenende sich so lange überhaupt noch erhalten konnte, hängt damit zusammen, daß Lawinenschnee und Eiskalbungen von oben her die in sehr tiefer Lage befindliche restliche Gletschermasse noch zu erhalten vermochten. Die Altschneegrenze wurde 1963 in 2750 m und 1964 in 2800 m festgestellt. Die aus früheren Jahren stammenden Altschneefelder an beiden Seiten der Gletscherzunge büßten von 1962 auf 1963 wesentlich an Ausdehnung ein. 1964 waren sie fast völlig verschwunden. Die neue Zungenstirn zeigte 1963 und 1964 gegenüber früheren Jahren keine deutliche Veränderung. Das Eiskalben aber hatte sich im Vergleich zu den Jahren 1960 bis 1962 offensichtlich vermindert. Im Firnbereich dieses Gletschers hatten die Spalten sowohl an Zahl als auch an Länge und Breite gegenüber früheren Jahren merklich zugenommen.

Eiserkees.

Der Eishaushalt des Eiserkeeses mußte **von 1962 auf 1963** ansehnlich abgenommen haben. Die Firngrenze lag zwischen 2800 und 2850 m. Die Jahresfirnrücklage erreichte in der Firnzone nirgends mehr 100 cm. Der Zungenrand rückte zum Teil beträchtlich nach oben, und zwar bei den Marken H um 8,2 m, bei D um 11,9 m, bei C um 11,9 m, bei G um 15,7 m und bei B um 10,6 m. Bemerkenswert ist, daß die in früheren Jahren unterhalb des Gletschers anschließenden und zum Teil weit hinunter reichenden Altschneezungen Mitte September 1963 fast zur Gänze geschwunden waren. Eine ganze Reihe von Jahren hatten sie Größe und Anzahl kaum verändert. Die Oberfläche des Eiserkeeses erschien 1963 reicher an Spalten als 1962.

**Von 1963 auf 1964** wich das Eiserkees im allgemeinen nur mäßig zurück. Der mittlere Zungenrückgang betrug 6,1 m (bei K um 7,1 m, bei L um 9,1 m, bei C nach zwei Richtungen um 5,3 m und bei H um 8,9 m). Die in früheren Jahren in Rinnen unterhalb des Gletschers befindlichen Altschneefelder waren 1964 restlos verschwunden. Die Untergrenze der Firnrücklage 1963/64 befand sich in ungefähr 2750 m. Mit Berücksichtigung des Eisschwundes in der Horizontalen und der geringen Mächtigkeit der Jahresfirnrücklage 1963/64 (nur 40 bis 60 cm) bot das Eiserkees von 1963 auf 1964 ohne Zweifel eine mäßige Gletscherspende.

Grießkoglkees.

Das Grießkoglkees vermochte **von 1962 auf 1963** weder sein Areal noch seine Mächtigkeit zu behaupten. Die Firngrenze verlief unregelmäßig in etwas über 2800 m. Soweit zu erkennen war, blieben die Jahresfirnrücklagen aus der Akkumulationszeit nach September 1962 in der Mächtigkeit weit hinter jenen aus der Zeit 1961/62 zurück. Die Oberfläche des Zungenbereiches und des Firngebietes besaß am 15. September 1953 mehr Spalten als ein Jahr vorher. Der untere Rand des Grießkoglkeeses zog sich innerhalb eines Jahres zum Teil beträchtlich nach oben zurück. Der Längenschwund betrug bei der Marke D 11,9 m, bei C 16,8 m, bei C̄ 21,5 m, bei B 9,6 m und bei A in der Richtung nach oben 14,0 und nach der Seite 10,4 m.

**1964** wurde eine größenmäßig recht unterschiedliche Zungenrückverlagerung festgestellt. Sie betrug von 1963 auf 1964 bei den Marken D im Südwesten des Gletschers 16,6 m, bei C nur um 0,2 m, bei B um 3,1 m und bei A nach Südwesten 2,3 m und nach Westen 7,6 m. Die Arealverkleinerung des Grießkoglkeeses im Durchschnitt von 6 m erwies sich damit gleich groß wie beim benachbarten Eiserkees. Alle früheren, unterhalb des Gletscherendes in Mulden und Gräben gelegenen Altschneefelder waren 1964 zur Gänze abgeschmolzen. Der Rückgang der unteren Gletscherteile, die relativ hohe Firngrenze zwischen 2800 und 2850 m und die Rücklagen der schneeigen Akkumulation ab Oktober 1963 (maximal nur 70 cm) ließen klar erkennen, daß das Grießkoglkees von 1963 auf 1964 einen mäßigen Eisverlust erlitt und eine mäßige Gletscherspende abgab.

Schwarzköpflkees.

Das Zungenende des Schwarzköpflkeeses befand sich Mitte September 1963 im Stadium eines augenscheinlichen Verfalles. An der Westseite des Zungengebietes wurde ein Rückweichen bei A um 17,5 m und bei B um 16,0 m, bei C um mehr als 40 m, bei D an der Ostseite um ungefähr 40 m und am Ostrand bei E um 23,1 m gemessen. Der geringere Rückgang des Gletschers an der Westseite im Vergleich zum Ostteil hängt mit stärkerer Schattenwirkung zusammen. Dies ist um so bemerkenswerter, als der westliche höhere Zungenteil schon vor Jahrzehnten die Eisverbindung mit der noch höheren Eisfläche verloren hat. Die unteren Zungengebiete an der hydrographisch rechten Seite (Ostteil) sind nur noch, wie an Spalten zu sehen ist, sehr dünn. Die Eisverbindung zwischen dem unteren und oberen Gletscherareal verschmälerte sich von 1962 auf 1963 nur unerheblich. Der Eishaushalt 1962/63 muß ansehnlich negativ gewesen sein.

Im Jahre 1964 ließ das Zungengebiet des Schwarzköpflkeeses stellenweise einen weiter anhaltenden Zusammenbruch seiner Stirne erkennen. Bei der Marke A am linken unteren Zungenrand wurde als Schattenwirkung nur ein Eisrückgang um 0,5 m festgestellt. Die weiteren Vorlandsmarken ergaben einen zunehmend stärkeren Eisschwund, und zwar einen Rückgang bei B um 21,0 m, bei D um 33,1 m und bei E um 19,5 m. An der Nordseite der Zungenfläche wurde 1964 ebenso wie 1963 gekalbtes Eis beobachtet, das vom Westlichen Bärenkopfkees auf das Schwarzköpflkees gefallen war. Eine Verschmälerung der Eisverbindung zwischen dem Westlichen Bärenkopfkees und dem Schwarzköpflkees ließ sich von 1963 auf 1964 kaum feststellen. Es steht außer Zweifel, daß das Schwarzköpflkees im Eishaushaltsjahr 1963/64 einen beträchtlichen Massenverlust erlitt und eine ansehnliche Gletscherspende zum Vorteil des Wasserspeichers Mooserboden gewährte.

Klockerinkees.

Der Zusammenbruch des völlig schuttverkleideten Zungengebietes dieses Gletschers machte 1963 und 1964 weitere Fortschritte. 1963 gab es bei den Marken IV ein Rückweichen um 17,1 und 1964 um 37,8 m, bei III einen Rückgang um 14,5 m und etwa 80 m. Bei II$_{60}$ wurde 1963 eine Verlagerung nach oben um 20,2 und 1964 um rund 47 m beobachtet. Das Klockerinkees muß in beiden Berichtsjahren wesentlich an Masse verloren und eine beträchtliche Gletscherspende abgegeben haben.

Schmiedingerkees.

Der Schmiedingergletscher auf dem Kitzsteinhorn verringerte von Oktober 1962 bis Mitte September 1963 deutlich sein Areal und seine Vertikalmächtigkeit. Die Zunge wich um 13,9 m in der Horizontalen zurück, ihre unteren Teile bedeckten nur noch in dünner Schicht den darunter liegenden Fels. Der tiefere Zungenbereich besitzt keine Eisverbindung mehr mit den oberen Gletscherteilen. Zwischen dem alten und dem neuen Gletscherende zieht nunmehr ein breiter Felsrücken durch. Der Seilbahnstützenfels wuchs innerhalb eines Jahres bis zu 2,5 m aus der Gletscheroberfläche empor. Die 13 Marken am Gletscherrand ließen ein Einsinken der Eis- bzw. Firnoberfläche von 1962 auf 1963 um 0,4 bis 5,4 m ableiten. Beim Magnetköpfl erniedrigte sich die Firnoberfläche um 70 bis 140 cm. Die Firn- und Zungenflächen besaßen 1963 weit mehr Spalten als 1962. An manchen von Fels begrenzten Gletscherteilen hatten sich breite Randklüfte ausgebildet. Um das Magnetköpfl herum kamen viele Quer- und Längsspalten zum Vorschein. In 15 Schneeprofilen wurde eine mittlere Firndichte der Jahresrücklage 1962/63 von 0,56 ermittelt. Die einzelnen Höhen betrugen 49 bis 109 cm. An manchen Stellen waren die randlichen Gletscherflächen stark durch Gesteinsträmmer von oben her verstürzt.

Im Jahre 1964 war der alte Eisrest der früheren Zungenstirn bis auf einen kleinen, etwa 50 m² großen Fleck zusammengeschmolzen. Die Eisdicke betrug am Abbruch gegen den Vorlandssee noch etwa 2,50 m. Das derzeitige Gletscherende — oberhalb des quer durchziehenden Felsrückens — ist im Vergleich zum Vorjahr stark eingesunken, da der Felsrücken sehr herausgehoben erscheint. Im Zusammenhang mit der „Hydrologischen Dekade" wurden auf dem Schmiedingerkees die neue Lage des Zungenendes genau bestimmt, eine ganze Reihe von Seitenmarken im Zungen- und Firnbereich neu eingerichtet und Fixpunkte auf mehreren Stellen des Firngebietes seitens der Tauernkraftwerke A.G. festgelegt und geodätisch vermessen. Nachstehend folgen die Änderungen bei den bereits vorhandenen Marken. (Das Vorzeichen — bedeutet Abnahme und + Zunahme): $I_{63} = -1,45$ m, $A_0 = -0,7$ m, $B_{60} = -0,7$ m, $E = -2,1$ m, $III = -2,8$ m, $R = -1,35$ m, $F = -0,9$ m, $N = -1,3$ m, $H = -1,4$ m, $T = -1,35$ m, $X = 0,0$ m, $S = -1,7$ m, $P = +0,9$ m, $M = -1,75$ m, $G = -0,85$ m. Die Höhenlage der Altschneelinie konnte wegen einer Neuschneeauflage nicht exakt festgestellt werden. Die Jahresfirnrücklage 1963/64 (maximale Höhe 72 cm) ließ aus 16 Profilen eine mittlere Dichte von 0,6 ableiten. Die verschiedenen neuen Einrichtungen werden in einem späteren Bericht ausführlich besprochen. Im Hinblick auf den Zungenrückgang und auf das Einsinken der Firnoberfläche ist für das Schmiedingerkees ein beträchtlicher Eisverlust im Eishaushaltsjahr 1963/64 anzunehmen.

Kleines Fleißkees.

Das Kleine Fleißkees erlitt von 1962 auf 1963 einen beträchtlichen Eisschwund. Das Zungenende verlagerte sich um 21,5 und 25,3 m nach oben zurück. Die unteren Zungenteile sind sehr dünn und weiters wird der Eisnachschub von oben her an dem Steilaufschwung in 2700—2800 m Höhe zunehmend stärker unterbunden. An dem Querprofil über die Zunge in einer Höhe von etwas unterhalb 2600 m nahm die Eisdicke bei den Steinen 7, 6 und 5 um 2,9, 3,2 und 1,8 m ab. Die Horizontalbewegung des Oberflächeneises war bei den eben erwähnten Steinen 1,8, 2,9 und 3,8 m. In der Fleißscharte wurde in zwei Profilen eine Vertikalmächtigkeit der Jahresfirnrücklage 1962/63 von 166 und 162 cm ermittelt. Ihre Dichte ergab sich im Mittel zu 0,59. Unmittelbar am Goldberggrat gegen die Fleißscharte hin, nahm die Mächtigkeit der Oberfläche des Gletschers um 4,4 m ab. An der Seite gegen das Kleine Fleißkees hin betrug das Einsinken der Oberfläche des Firnfeldes nur 2,2 m. Die Oberfläche des Firngebietes erwies sich 1963 wesentlich spaltenreicher als in den Jahren um 1950 herum.

Am Ende des Eishaushaltsjahres 1963/64 war die Jahresmassenbilanz des Kleinen Fleißgletschers ebenfalls stark negativ. Bei der Zungenmarke A verlagerte sich das sehr dünne Zungenende um 23,5 m und bei B um 16,7 m nach oben. Das Querprofil über die Zunge konnte nicht nachgemessen werden, weil eine anhaltende Neuschneeauflage die Meßsteine bedeckte. Bei der Pilatusscharte sank die Firnoberfläche innerhalb eines Jahres um 0,6 m ein. Unmittelbar auf dem Goldberggrat nahm die Höhe des Firnfeldes um 1,2 m ab, an der Seite gegen das Fleißkees hin nur um 0,7 m. Schneeprofile in der Nähe des Schneepegels „Fleißkees" nahe der Pilatusscharte besaßen im September 1964 in der Jahresfirnrücklage 1963/64 mit einer Mächtigkeit von 104 bis 111 cm einen Wasserwert von 0,61 Liter je dm³ Firn. In der Fleißscharte war die Jahresfirnrücklage 1963/64 fast völlig abgeschmolzen. Der mit farbiger Erde (schwarze Malerfarbe) gekennzeichnete Horizont 1962/63 befand sich bereits größtenteils an der Oberfläche.

Firndecke um den Sonnblickgipfel herum.

Die Oberfläche des Firnfeldes um den Gipfelaufbau des Sonnblicks herum ließ bis vor einigen Jahren kaum ein Einsinken erkennen. In den Jahren 1962 bis 1964 erniedrigte sich die Gletscheroberfläche beträchtlich, und zwar um Beträge bis zu 2 m pro Jahr. Am „Wasserfelsen" knapp unterhalb des Sonnblickgipfels blieb die Höhe der Firndecke von 1962 bis 1964 unverändert. Auf dem Sonnblick-Ostgrat nahm die Firnhöhe von 1962 auf 1963 bei der Marke L um 1,4 m und bei der Marke II (sie gelangte erst 1963 wieder zum Vorschein) um etwa 1,5 m ab. Von 1963 auf 1964 blieb das Firnniveau beim Ostgrat gleich. Die Felsinsel im Südosten des Sonnblickgipfels, die nach 1947 mehr und mehr im Firn untertauchte, wuchs ab 1962 wieder in die Höhe. (Von 1962 auf 1963 um 1,6, 1,4 und 0,9 m.) Eine 1947 gesetzte Marke gelangte dort wieder an die Oberfläche. Von 1963 auf 1964 sank die Firnoberfläche um 0,7, 0,8, 1,0 und 0,9 m ein. Sie befindet sich im Bereich dieser Felsinsel derzeit wieder in gleicher Höhe als im Jahre 1947.

Großes Goldbergkees.

Auch das Große Goldbergkees (Vogelmaier Ochsenkarkees) verlor in den Eishaushaltsjahren 1962/63 und 1963/64 bedeutend an Eissubstanz. Der Zungenrückgang erwies

Tabelle 2. Rückverlagerung des Zungenendes des Großen Goldbergkeeses von 1962 auf 1964 in Meter

| Marken: | A | B | $C_3$ | 22 | 23 |
|---|---|---|---|---|---|
| 1962/63 | 4,0 | 2,6 | 26,7 | 4,3 | 0,3 |
| 1963/64 | 6,1 | 6,4 | 6,2 | 6,3 | 5,6 |

sich zwar nicht als sehr stark (vgl. Tabelle 2), doch sank die Oberfläche des Firnfeldes gegenüber früheren Jahren beträchtlich ein.

Der letzte Steilaufschwung in 2750 bis 2800 m, über den früher der Gletscher herunterzog, blieb von 1962 auf 1964 eisfrei. Ein steiler Felsabbruch aperte dort vor mehreren Jahren aus und zerschnitt damit den Gletscherkörper des Großen Goldbergkeeses in zwei Teile. Die Felsstufe in etwa 2600 m hingegen (Oberes Gruepetes Kees) weitete sich merkwürdigerweise nicht wesentlich quer über den Gletscher aus.

Kleines Sonnblickkees.

Der Kleine Sonnblickgletscher, der sich schon vor einer Reihe von Jahren in einzelne Firn- und Eisflecken aufgelöst hatte, ließ in höheren Lagen in den letzten Jahren einen weiteren deutlichen Eisschwund erkennen. Von 1962 auf 1963 blieben die Marken A und B am Zungenende unter Firn. Bei SV wurde ein Rückweichen von 5,0 m festgestellt. 1964 ließen die Marken A und SV eine Arealabnahme von 7,0 und 15,1 m ableiten. Die steile, vergletscherte Fläche vom obersten Rojachergraben gegen die Rojacherhütte hin, über die die normale Anstiegsroute führt, besaß in früheren Jahren eine feste Firnoberfläche. 1963 und 1964 zeigte sie blankes glasiges, schwer zu begehendes Gletschereis.

Neunerkees.

Die drei tief gelegenen Eisschilde in der Nähe der Knappenhäuser blieben von 1962 auf 1964 fast ohne Verkleinerung erhalten. Auch die weiteren restlichen Firnflecke in der Wintergasse und unterhalb der Niederen Scharte schmolzen keineswegs ab.

Wurtenkees.

Am Wurtengletscher hielt der starke Rückgang des Zungenendes weiter an. Von 1962 auf 1963 und von 1963 auf 1964 betrug er bei E 25,5 und 15,6 m, bei F 21,2 und 32,4 m und bei D 16,9 und 33.0 m. Die Zerschneidung des Gletscherkörpers unterhalb des Schareckgipfels in etwa 2700 m Höhe machte weitere Fortschritte. Es besteht nur noch eine schmale Eisverbindung an der Ostseite zwischen den höheren und unteren Eisflächen. Es ist zu befürchten, daß das Wurtenkees in absehbarer Zeit das gleiche Schicksal wie das Große Goldbergkees erleidet und in zwei Teile zerfällt. Die Altschneegrenze befand sich 1963 und 1964 in 3000 m Höhe. Die Jahresfirnrücklage 1963/64 besaß zwischen 6. und 8. September 1964 nur noch eine Mächtigkeit von 20 bis 35 cm. Ihre Dichte ergab sich aus acht Profilen zu 0,59.

## Klara Gailer †

Am 10. September 1965 verlor der Sonnblick-Verein ein sehr bedeutendes Mitglied. Frau Klara Gailer aus Hall in Tirol, Postbeamtin in Ruhe, verstarb im Alter von 88 Jahren.

Sie war eine von den verhältnismäßig wenigen Landsleuten aus Tirol, die anläßlich einer größeren Mitgliederwerbeaktion des Vereines, im Jahre 1947, mit der damaligen Mitgliedsnummer 25 durch ihren Beitritt das Interesse am Sonnblick bekundete. Im Lauf der Jahre ihrer Mitgliedschaft hat Frau Gailer durch sehr beträchtliche finanzielle Zuwendungen dem Sonnblick-Verein wertvolle Unterstützung angedeihen lassen. Durch regelmäßige Überzahlungen der Mitgliedsbeiträge um ein Vielfaches, durch Übereignung von Anlagepapieren und mehrmalige hohe Beträge hat die Verstorbene dem Vereinsvorstand geholfen, so manche schwierige Aufgabe zu lösen.

Der Sonnblick-Verein brachte mit Beschluß der Hauptversammlung 1955 durch die Ernennung von Frau Gailer zum „Stiftenden Mitglied" seinen bescheidenen Dank zum Ausdruck. Diese seltene Ehrung wurde nach dem zweiten Weltkrieg erst drei besonders verdienstvollen Mitgliedern zuteil. Auf Vorschlag des Vereinsvorstandes verlieh die Österreichische Gesellschaft für Meteorologie im Jahre 1961 Frau Klara Gailer die selten verliehene Auszeichnung der „Hann-Medaille" in Bronze.

Der Sonnblick-Verein wird Frau Gailer ein ehrendes Andenken bewahren.

L. Binder

## Vereinsnachrichten

Im Berichtszeitraum fanden drei ordentliche Hauptversammlungen statt, und zwar am 7. Juni 1962, am 6. November 1963 und am 5. März 1965. Der Sonnblickverein verlor 32 Mitglieder durch Tod, darunter einige bedeutende Förderer: Die Professoren Dr. Oswald Thomas und Dr. Ernst Melan, Wien, Dr. Viktor Paschinger, Klagenfurt, ferner Sekt.-Chef Dipl.-Ing. Egbert Salcher, Wien, und die Herren Herbert Wolfrum, Franz Honay, Wien, und Karl Stuchl, Linz. Im Jahr 1965 starb auch das stiftende Mitglied Frau Klara Geiler, Solbad Hall in Tirol, die den Sonnblick-Verein jahrelang durch namhafte Spenden unterstützt hatte.

Die Geldgebarung des Berichtszeitraumes wird im folgenden ausgewiesen:

| | S |
|---|---:|
| Vortrag für 1962 | 167.758,09 |
| Einnahmen 1962 | 59.297,55 |
| Ausgaben 1962 | − 21.964,77 |
| Vortrag für 1963 | 205.091,77 |
| Einnahmen 1963 | 53.134,22 |
| Ausgaben 1963 | − 72.429,50 |
| Vortrag für 1964 | 185.796,49 |
| Einnahmen 1964 | 40.538,49 |
| Ausgaben 1964 | − 22.498,70 |
| Vortrag für 1965 | 203.374,28 |

Der Geldverkehr „Materialseilbahn" geht über ein Sonderkonto und unterliegt der Prüfung von Seiten der subventionierenden Stellen.

## Bericht über die Tätigkeit des Sonnblick-Vereins in den Jahren 1962—1965

Der Beobachtungsdienst auf dem Sonnblickobservatorium wurde zwar ohne Unterbrechung fortgesetzt, doch litten die Sonderbeobachtungen und die Betreuung der Strahlungsgeräte wieder unter dem Beobachterwechsel. Als Beobachter waren tätig Adolf Fahrnik (15. Dezember 1958 bis 15. November 1962), Hubert Eder (30. Juli 1959 bis 30. November 1964), Anton Schober (1. Jänner 1960 bis 15. März 1963) und Helmut Strohmaier (16. März 1963 bis 30. September 1964). Derzeit sind folgende meteorologische Beobachter auf dem Sonnblick beschäftigt: Reinhold Hauser (seit 4. Mai 1964), Günther Gottesheim (seit 1. Oktober 1964) und Günther Karner (seit 1. November 1964). Das Bundesministerium für Unterricht hat mit Wirksamkeit vom 1. Jänner 1964 die Einstellung eines dritten Sonnblickbeobachters bewilligt.

Der Sonnblick und seine Gletscher wurden in den Berichtsjahren von folgenden Wissenschaftlern und Studenten zur Durchführung von Untersuchungen besucht: Dr. Hanns Tollner nahm in den Herbstmonaten jedes der Berichtsjahre Messungen der Gletscherveränderungen vor, Frau Dr. Inge Dirmhirn und Dr. Werner Mahringer führten mehrmals Eichungen und Vergleiche an Strahlungsgeräten aus und befaßten sich mit der Registrieranlage der Fels- und Eistemperatur. Dipl.-Phys. M. Brünig weilte in den Jahren 1964 und 1965 einige Male auf dem Observatorium, um vom Gipfel aus Refraktionsmessungen auszuführen. Studenten der Universität Wien machten Messungen der Ultraviolettstrahlung (E. Wessely), der Gletscheralbedo (F. Scheibbner) und des Verhältnisses der einzelnen Spektralbereiche der kalorischen Sonnen- und Globalstrahlung zur Lichtstrahlung (F. Haselsteiner).

In den Jahren 1962 und 1963 wurden an der Materialseilbahn verschiedene Reparaturen ausgeführt, unter anderem ein Motorschaden und ein Lagerbruch beim Umlaufrad behoben, eine Welle verstärkt und die Eiskratzer sowie die Eiskratzerschlitten instandgesetzt.

Der Vereinsvorstand hat sich im Jahre 1963 bei der Salzburger Landesregierung bemüht, die Genehmigung für einen beschränkten Werksverkehr auf der Materialseilbahn zu erhalten. Diese Erweiterung der Transportmöglichkeiten sollte den Betrieb des Observatoriums sowohl in personeller wie auch in versorgungstechnischer Hinsicht vor den Gefahren der Witterung und der Lawinentätigkeit sichern. Die Genehmigung der Landesregierung wurde allerdings von einem umfangreichen und aufwendigen Umbau der Seilbahn abhängig gemacht. Der Vereinsvorsitzende, Prof. Dr. Karl Oberparleiter, bemühte sich intensiv um die Aufbringung der für den Umbau erforderlichen Beträge, so daß bereits im Herbst 1963 die größten Aufträge vergeben und der Umbau in den Jahren 1963 bis 1965 vollzogen werden konnte.

Folgende öffentliche und private Stellen haben sich in hervorragender Weise an der Finanzierung und Durchführung des Bauvorhabens durch Unterstützungen beteiligt: Bundesministerium für Verkehr und Elektrizitätswirtschaft, Bundesministerium für Unterricht, Bundesministerium für Landesverteidigung, Österreichische Akademie der Wissenschaften, Salzburger Landesregierung; Verband österreichischer Banken und Bankiers, Tauernkraftwerke AG. und Perlmooser Zement AG. Der Vereinsvorstand dankt auch an dieser Stelle den Genannten für die gewährte Hilfe, ohne die das Bauwerk nicht hätte begonnen werden können.

Im Jahre 1963 wurden bereits die Fundamente für die Antriebsmotoren gebaut und die Bergstation zur Aufnahme des neuen Dieselaggregats vergrößert. Angeschafft wurde ein schwerer Dieselmotor, ein Generator und ein Elektromotor, ein Seilbahnantrieb, ein Notantrieb, neue Bremsvorrichtungen, ein Zugseil, ein Tragseil und alle erforderlichen Ersatzbestandteile. Im Frühjahr 1964 wurde der 800 kg schwere Dieselmotor und die elektrischen Maschinen durch einen Hubschrauber des Bundesheeres auf dem Sonnblick abgesetzt und durch einen Pioniertrupp zur Aufstellung gebracht. Anschließend wurden die elektrischen Maschinen und die Schalteinrichtung sowie die schweren Antriebselemente montiert, schließlich das Tragseil ausgewechselt. Um die neue Maschinenanlage vor Triebschnee zu sichern, mußte die Bergstation entsprechend abgedichtet werden, desgleichen wurde die Talstation der Seilbahn gründlich überholt. Die restlichen Arbeiten, wie Aufzug des neuen Zugseiles, Bau einer stählernen Portalstütze, Dachdeckerarbeiten auf beiden Stationen und die Reparatur der Blitzschutzanlage, konnten im Jahre 1965 ausgeführt werden.

Die Seilbahn wurde durch die Salzburger Landesregierung kommissioniert und für den Werksverkehr zugelassen. Die schriftliche Ausfertigung des Entscheides steht noch aus. Um den Anordnungen der Behörde möglichst zu entsprechen, wurde der Betriebsleiter der Saalbacher Schilifte AG., Herr Ing. Wagner, für ein ständiges Service der Sonnblickseilbahn verpflichtet, außerdem verschiedene Ersatzbestandteile und Funksprechgeräte zur Erhöhung der Betriebssicherheit angeschafft. Geplant ist die Errichtung einer Tankstelle zur Lagerung des Betriebsstoffes.

## Ergebnisse der meteorologischen Beobachtungen auf dem Sonnblickgipfel (3106,5 m) aus dem Jahre 1962

| | Luftdruck, mm[1] | | | Temperatur | | | Bewölkung Zehntel | Niederschlagsmenge[2] | | Zahl der Tage mit | | | | | | | | Sonnenscheindauer in Stunden | Windstärke m/sec |
|---|---|---|---|---|---|---|---|---|---|---|---|---|---|---|---|---|---|---|---|
| | | | | Mittel | Absolutes | | | | | Niederschlag ≧ 0,1 mm | Schnee | Nebel | Sturm | Heitere | Trübe | Tage | | | |
| | Mittel | Max. | Min. | | Max. | Min. | | N | S | | | | | | | Frost- | Eis- | | |
| Jänner | 516,9 | 525,4 | 506,4 | −11,8 | −3,2 | −29,6 | 6,6 | 158 | 161 | 16 | 16 | 22 | 16 | 2 | 12 | 31 | 31 | 104 | 6,5 |
| Februar | 14,6 | 23,3 | 498,5 | −14,5 | −5,5 | −27,0 | 6,8 | 166 | 148 | 11 | 11 | 23 | 19 | 2 | 11 | 28 | 28 | 106 | 8,8 |
| März | 10,0 | 17,4 | 505,7 | −15,0 | −4,7 | −28,3 | 7,7 | 128 | 135 | 11 | 11 | 26 | 12 | 2 | 14 | 31 | 31 | 137 | 8,0 |
| April | 17,5 | 28,8 | 02,8 | −9,5 | 1,9 | −19,4 | 7,6 | 151 | 306 | 14 | 14 | 25 | 17 | 1 | 16 | 30 | 28 | 131 | 7,5 |
| Mai | 19,6 | 26,3 | 10,4 | −5,4 | 2,7 | −19,0 | 8,7 | 390 | 594 | 19 | 19 | 29 | 10 | 0 | 24 | 31 | 26 | 114 | 5,8 |
| Juni | 24,4 | 31,7 | 17,3 | −2,8 | 9,4 | −14,4 | 7,9 | 196 | 243 | 20 | 17 | 27 | 9 | 0 | 16 | 20 | 14 | 148 | 5,8 |
| Juli | 24,6 | 31,4 | 14,6 | 0,3 | 10,4 | −8,2 | 7,3 | 110 | 183 | 19 | 15 | 26 | 5 | 1 | 16 | 11 | 11 | 187 | 4,8 |
| August | 27,2 | 30,5 | 22,1 | 3,6 | 12,0 | −5,3 | 6,4 | 124 | 151 | 16 | 8 | 27 | 8 | 2 | 12 | 22 | 0 | 218 | 5,2 |
| September | 24,0 | 30,7 | 14,8 | −1,4 | 9,8 | −12,8 | 6,0 | 78 | 136 | 13 | 12 | 23 | 11 | 5 | 8 | 9 | 11 | 207 | 6,3 |
| Oktober | 23,9 | 30,1 | 11,7 | −2,5 | 6,2 | −12,8 | 4,2 | 76 | 71 | 5 | 5 | 15 | 8 | 13 | 29 | 20 | 20 | 221 | 6,2 |
| November | 15,3 | 22,8 | 05,0 | −10,6 | −2,2 | −22,9 | 7,5 | 152 | 103 | 18 | 18 | 25 | 19 | 2 | 14 | 28 | 30 | 75 | 9,7 |
| Dezember | 13,1 | 26,1 | 00,0 | −13,9 | −3,8 | −30,9 | 6,5 | 125 | 121 | 15 | 15 | 22 | 16 | 6 | 15 | 30 | 31 | 98 | 7,3 |
| Jahr | 519,3 | 531,7 | 498,5 | −7,0 | 12,0 | −30,9 | 6,9 | 1854 | 2352 | 177 | 161 | 290 | 150 | 36 | 167 | 311 | 261 | 1746 | 6,8 |

## Totalisatorenbeobachtungen im Sonnblickgebiet, 1962 (mm Wasserwert)

| | I. | II. | III. | IV. | V. | VI. | VII. | VIII. | IX. | X. | XI. | XII. | Jahr |
|---|---|---|---|---|---|---|---|---|---|---|---|---|---|
| Kolm-Saigurn, 1600 m | | | | | | | | | | | | | |
| Radhaus, 2117 m | 150 | 71 | 135 | 303 | 343 | 177 | 107 | 125 | 161 | 102 | 148 | 107 | 1929 |
| Unterhalb der Rojacherhütte, 2580 m | 149 | 71 | 85 | 226 | 296 | 249 | 142 | 107 | 178 | 101 | 167 | 125 | 1896 |
| Hoher Sonnblick, 3076 m (horizontale Auffangfläche) | 235 | 268 | 266 | 252 | 429 | 284 | 250 | 143 | 196 | 119 | 149 | 214 | 2805 |
| Hoher Sonnblick, 3076 m (hangparallele Auffangfläche) | 280 | 240 | 250 | 480 | 360 | 340 | 160 | 100 | 180 | 140 | 100 | 304 | 2934 |
| Oberes Fleißkees, 2808 m | 240 | 180 | 280 | 620 | 340 | 340 | 220 | 120 | 220 | 180 | 200 | 240 | 3180 |
| Unteres Fleißkees, 2558 m | 154 | 181 | 169 | 229 | 304 | 222 | 256 | 160 | 120 | 154 | 126 | 184 | 2259 |
| | 135 | 141 | 151 | 172 | 297 | 220 | 217 | 80 | 120 | 76 | 76 | 152 | 1837 |

## Schreepegelbeobachtungen im Sonnblickgebiet, 1962 (Schneehöhe in cm am 1. jedes Monats sowie Firnrest in cm am Tage der Neufestsetzung des Pegelnulls)

| | I. | II. | III. | IV. | V. | VI. | VII. | VIII. | IX. | X. | XI. | XII. | Firnrest am |
|---|---|---|---|---|---|---|---|---|---|---|---|---|---|
| Naßfeld, 1630 m | 39 | 95 | 110 | 95 | 15 | — | — | — | — | — | 80 | 35 | — |
| Unterer Goldbergkeesboden, 2480 m | 240 | 350 | 450 | 500 | 400 | 540 | 420 | 300 | 70 | — | 70 | 100 | 7. Okt. |
| Oberer Goldbergkeesboden, 2710 m | 180 | 200 | 310 | 310 | 360 | 450 | 320 | 200 | — | — | 80 | 90 | 7. Okt. |
| Oberer Steilhang des Goldbergkees, 2850 m | 180 | 275 | 400 | 510 | 450 | 580 | 490 | 410 | 180 | 150 | 40 | 110 | 7. Okt. |
| Oberes Fleißkees (Pilatusscharte), 2880 m | 135 | 200 | 260 | 350 | 325 | 420 | 400 | 220 | 100 | 85 | 40 | 130 | 125 7. Okt. |
| Fleißscharte, 2990 m | 270 | 350 | 380 | 480 | 570 | 730 | 600 | 450 | 330 | 300 | 70 | 230 | 250 7. Okt. |

---
[1]) Die Korrekturen wurden bereits angebracht: $B_c = -0{,}61$ mm und $G_c = -0{,}21$ mm.
[2]) Ombrometer-Aufstellungen nördlich und südlich vom Observatoriumsgebäude.

## Ergebnisse der meteorologischen Beobachtungen auf dem Sonnblickgipfel (3106,5 m) aus dem Jahre 1963

| | Luftdruck mm[1] | | | Temperatur | | | Bewölkung, Zehntel | Niederschlags- menge[2] | | Zahl der Tage mit | | | | | Tage | | | Sonnen- scheindauer in Stunden | Windstärke m/sec |
|---|---|---|---|---|---|---|---|---|---|---|---|---|---|---|---|---|---|---|---|
| | | | | | Absolutes | | | | | Nieder- schlag ≥ 0,1 mm | Schnee | Nebel | Sturm | Heitere | Trübe | Frost- | Eis- | | |
| | Mittel | Max. | Min. | Mittel | Max. | Min. | | N | S | | | | | | | | | | |
| Jänner | 510,9 | 518,7 | 515,1 | −18,5 | −7,0 | −31,6 | 7,6 | 71 | 62 | 17 | 17 | 26 | 18 | 1 | 16 | 31 | 31 | 72 | 8,0 |
| Februar | 08,9 | 19,0 | 496,9 | −16,0 | −7,2 | −24,6 | 5,4 | 40 | 46 | 11 | 11 | 16 | 13 | 4 | 3 | 28 | 28 | 132 | 6,8 |
| März | 15,8 | 27,2 | 505,5 | −11,4 | −1,8 | −22,2 | 6,9 | 106 | 158 | 19 | 19 | 20 | 17 | 4 | 15 | 31 | 31 | 138 | 8,1 |
| April | 18,4 | 24,5 | 11,2 | −7,0 | 0,3 | −16,0 | 7,7 | 67 | 86 | 18 | 18 | 17 | 9 | 1 | 16 | 30 | 30 | 113 | 6,5 |
| Mai | 20,7 | 25,9 | 12,0 | −4,2 | 4,4 | −13,3 | 8,1 | 163 | 196 | 23 | 23 | 29 | 5 | 2 | 20 | 31 | 23 | 147 | 4,8 |
| Juni | 23,0 | 29,5 | 13,6 | 0,4 | 8,2 | −7,0 | 8,0 | 132 | 131 | 19 | 18 | 27 | 3 | 1 | 19 | 21 | 10 | 137 | 5,8 |
| Juli | 26,9 | 31,1 | 22,7 | 2,8 | 10,4 | −5,4 | 7,3 | 118 | 159 | 20 | 11 | 30 | 1 | 1 | 13 | 14 | 0 | 195 | 3,1 |
| August | 23,4 | 29,0 | 15,0 | 1,6 | 11,0 | −9,0 | 7,9 | 147 | 152 | 17 | 13 | 30 | 6 | 1 | 17 | 18 | 3 | 154 | 4,4 |
| September | 25,0 | 30,2 | 19,7 | 0,1 | 7,5 | −11,6 | 7,4 | 100 | 112 | 17 | 12 | 27 | 8 | 3 | 17 | 25 | 5 | 146 | 5,0 |
| Oktober | 23,4 | 30,1 | 15,2 | −3,7 | 2,3 | −10,6 | 4,8 | 37 | 67 | 9 | 9 | 15 | 7 | 10 | 9 | 30 | 22 | 196 | 5,2 |
| November | 17,6 | 22,9 | 10,5 | −6,3 | −1,6 | −18,2 | 7,4 | 173 | 120 | 19 | 19 | 24 | 15 | 0 | 17 | 30 | 30 | 87 | 7,1 |
| Dezember | 16,2 | 30,3 | 02,2 | −10,8 | −0,6 | −24,9 | 4,3 | 27 | 34 | 8 | 8 | 13 | 9 | 9 | 5 | 31 | 31 | 163 | 6,7 |
| Jahr | 519,2 | 531,1 | 496,9 | −6,1 | 10,4 | −31,6 | 6,9 | 1181 | 1343 | 197 | 178 | 284 | 111 | 37 | 167 | 320 | 244 | 1680 | 6,0 |

## Totalisatorenbeobachtungen im Sonnblickgebiet, 1963 (mm Wasserwert)

| | I. | II. | III. | IV. | V. | VI. | VII. | VIII. | IX. | X. | XI. | XII. | Jahr |
|---|---|---|---|---|---|---|---|---|---|---|---|---|---|
| Kolm-Saigurn, 1600 m | 92 | 48 | 129 | 67 | 204 | 224 | 236 | 260 | 144 | 44 | 320 | 16 | 1784 |
| Radhaus, 2117 m | 112 | 78 | 110 | 136 | 188 | 268 | 240 | 206 | 152 | 80 | 368 | 32 | 1970 |
| Unterhalb der Rojacherhütte, 2580 m | 136 | 85 | 218 | 211 | 196 | 178 | 300 | 250 | 180 | 125 | 375 | 64 | 2318 |
| Hoher Sonnblick, 3076 m (horizontale Auffangfläche) | 168 | 90 | 212 | 180 | 196 | 152 | 300 | 224 | 176 | 120 | 300 | 16 | 2134 |
| Hoher Sonnblick, 3076 m (hangparallele Auffangfläche) | 152 | 90 | 160 | 188 | 300 | 380 | 362 | 488 | 212 | 100 | 304 | 36 | 2772 |
| Oberes Fleißkees, 2808 m | 72 | 76 | 94 | 70 | 236 | 200 | 172 | 280 | 148 | 60 | 148 | 8 | 1564 |
| Unteres Fleißkees, 2558 m | 50 | 70 | 72 | 52 | 192 | 168 | 152 | 234 | 168 | 48 | 132 | 8 | 1346 |

## Schneepegelbeobachtungen im Sonnblickgebiet, 1963 (Schneehöhe in cm am 1. jedes Monats sowie Firnrest in cm am Tage der Neufestsetzung des Pegelnulls)

| | I. | II. | III. | IV. | V. | VI. | VII. | VIII. | IX. | X. | XI. | XII. | Firnrest am |
|---|---|---|---|---|---|---|---|---|---|---|---|---|---|
| Naßfeld, 1630 m | 50 | 73 | 70 | 106 | — | — | — | — | — | — | 5 | 20 | 0 23. Sept. |
| Unterer Goldbergkeesboden, 2480 m | 200 | 183 | 355 | 338 | 290 | 250 | 93 | 0 | 0 | 2 | 10 | 113 | 0 23. Sept. |
| Oberer Goldbergkeesboden, 2710 m | 175 | 183 | 184 | 275 | 243 | 215 | 112 | 0 | 2 | 5 | 0 | 102 | 0 23. Sept. |
| Oberer Steilhang des Goldbergkees, 2850 m | 205 | 245 | 263 | 307 | 295 | 287 | 185 | 4 | 4 | 5 | 30 | 183 | 0 23. Sept. |
| Oberes Fleißkees (Pilatusscharte), 2880 m | 193 | 197 | 213 | 265 | 265 | 265 | 185 | 488 | 11 | 5 | 5 | 153 | 0 23. Sept. |
| Fleißscharte, 2990 m | 224 | 204 | 198 | 210 | 250 | 276 | 200 | 70 | 9 | 15 | | 160 | 0 23. Sept. |

[1] Die Korrekturen wurden bereits angebracht: $B_c = -0,61$ mm und $G_c = -0,21$ mm.
[2] Ombrometer-Aufstellungen nördlich und südlich vom Observatoriumsgebäude.

## Ergebnisse der meteorologischen Beobachtungen auf dem Sonnblickgipfel (3106,5 m) aus dem Jahre 1964

| | Luftdruck mm[1] | | | Temperatur | | | Bewölkung, Zehntel | Niederschlagsmenge[2] | | Zahl der Tage mit | | | | Tage | | | Sonnenscheindauer in Stunden | Windstärke m/sec |
|---|---|---|---|---|---|---|---|---|---|---|---|---|---|---|---|---|---|---|
| | Mittel | Max. | Min. | Mittel | Absolutes Max. | Absolutes Min. | | N | S | Niederschlag ≧ 0,1 mm | Schnee | Nebel | Sturm | Heitere | Trübe | Frost- | Eis- | | |
| Jänner | 522,1 | 527,6 | 511,3 | −10,5 | −4,2 | −19,8 | 2,6 | 29 | 25 | 5 | 5 | 6 | 17 | 17 | 3 | 31 | 31 | 211 | 8,0 |
| Februar | 15,4 | 21,9 | 09,2 | −12,2 | −1,2 | −27,1 | 6,7 | 74 | 99 | 15 | 15 | 21 | 16 | 2 | 12 | 29 | 29 | 132 | 7,9 |
| März | 13,6 | 18,9 | 07,6 | −10,5 | −2,3 | −22,4 | 7,7 | 81 | 80 | 21 | 21 | 28 | 12 | 2 | 20 | 31 | 31 | 120 | 5,8 |
| April | 18,6 | 26,0 | 04,6 | −7,0 | −0,2 | −18,0 | 8,1 | 159 | 175 | 18 | 18 | 27 | 8 | 1 | 20 | 30 | 30 | 123 | 5,4 |
| Mai | 23,1 | 29,4 | 17,5 | −3,2 | 4,4 | −12,4 | 7,6 | 109 | 175 | 20 | 20 | 28 | 2 | 0 | 17 | 31 | 19 | 166 | 4,4 |
| Juni | 25,1 | 29,4 | 17,2 | 1,0 | 8,3 | −9,2 | 7,7 | 107 | 115 | 22 | 16 | 24 | 6 | 1 | 18 | 19 | 1 | 156 | 4,8 |
| Juli | 26,8 | 32,5 | 19,6 | 1,6 | 9,0 | −7,6 | 7,5 | 75 | 131 | 14 | 9 | 27 | 5 | 1 | 17 | 15 | 4 | 199 | 3,7 |
| August | 24,7 | 32,4 | 17,4 | 1,0 | 12,4 | −7,2 | 7,0 | 75 | 136 | 17 | 15 | 26 | 4 | 3 | 14 | 19 | 5 | 180 | 3,6 |
| September | 26,0 | 29,9 | 18,5 | −0,6 | 7,2 | −13,4 | 5,9 | 73 | 112 | 11 | 10 | 22 | 5 | 7 | 11 | 23 | 10 | 176 | 4,2 |
| Oktober | 19,5 | 29,2 | 03,1 | −5,9 | 2,9 | −13,1 | 7,9 | 238 | 209 | 19 | 19 | 29 | 10 | 2 | 19 | 31 | 25 | 80 | 5,2 |
| November | 19,8 | 27,1 | 07,0 | −6,9 | 1,0 | −14,3 | 6,8 | 119 | 176 | 20 | 20 | 21 | 11 | 4 | 13 | 30 | 28 | 102 | 5,6 |
| Dezember | 15,4 | 29,1 | 01,3 | −10,2 | −0,6 | −22,8 | 6,3 | 106 | 58 | 14 | 14 | 18 | 16 | 5 | 13 | 31 | 31 | 98 | 7,1 |
| Jahr | 520,9 | 532,5 | 501,3 | −5,3 | 12,4 | −27,1 | 6,8 | 1245 | 1491 | 196 | 182 | 277 | 112 | 45 | 177 | 320 | 244 | 1743 | 5,5 |

## Totalisatorenbeobachtungen im Sonnblickgebiet, 1964 (mm Wasserwert)

| | I. | II. | III. | IV. | V. | VI. | VII. | VIII. | IX. | X. | XI. | XII. | Jahr |
|---|---|---|---|---|---|---|---|---|---|---|---|---|---|
| Kolm-Saigurn, 1600 m | 4 | 86 | 71 | 182 | 118 | 329 | 89 | 219 | 111 | 428 | 200 | 200 | 2037 |
| Radhaus, 2117 m | 10 | 96 | 58 | 196 | 139 | 254 | 92 | 191 | 75 | 382 | 178 | 182 | 1853 |
| Unterhalb der Rojacherhütte, 2580 m | 21 | 180 | 159 | 246 | 222 | 246 | 246 | 237 | 107 | 279 | 178 | 196 | 2317 |
| Hoher Sonnblick, 3076 m (horizontale Auffangfläche) | 68 | 340 | 188 | 280 | 272 | 240 | 200 | 195 | 172 | 308 | 315 | 260 | 2838 |
| Hoher Sonnblick, 3076 m (hangparallele Auffangfläche) | 37 | 235 | 160 | 380 | 312 | 380 | 376 | 283 | 180 | 440 | 360 | 300 | 3443 |
| Oberes Fleißkees, 2808 m | 31 | 130 | 87 | 176 | 136 | 280 | 156 | 177 | 108 | 376 | 136 | 92 | 1885 |
| Unteres Fleißkees, 2558 m | 48 | 52 | 78 | 110 | 86 | 198 | 112 | 132 | 104 | 240 | 124 | 78 | 1362 |

## Schneepegelbeobachtungen im Sonnblickgebiet, 1964 (Schneehöhe in cm am 1. jedes Monats sowie Firnrest in cm am Tage der Neufestsetzung des Pegelnulls)

| | I. | II. | III. | IV. | V. | VI. | VII. | VIII. | IX. | X. | XI. | XII. | Firnrest am |
|---|---|---|---|---|---|---|---|---|---|---|---|---|---|
| Naßfeld, 1630 m | 18 | 33 | 33 | 22 | 4 | — | — | — | — | — | 47 | 68 | 0 18. Sept. |
| Unterer Goldbergkeesboden, 2480 m | 105 | 120 | 207 | 245 | 345 | 207 | 50 | — | — | — | 175 | 205 | 0 18. Sept. |
| Oberer Goldbergkeesboden, 2710 m | 110 | 95 | 163 | 202 | 300 | 220 | 40 | — | — | — | 126 | 200 | 0 18. Sept. |
| Oberer Steilhang des Goldbergkees, 2850 m | 170 | 165 | 240 | 285 | 377 | 227 | 145 | 5 | — | 30 | 210 | 240 | 0 18. Sept. |
| Oberes Fleißkees (Pilatusscharte), 2880 m | 160 | 160 | 200 | 270 | 320 | 277 | 215 | 120 | 40 | 24 | 200 | 285 | 0 18. Sept. |
| Fleißscharte, 2990 m | 150 | 160 | 170 | 180 | 250 | 220 | 160 | 20 | 20 | 10 | 180 | 220 | 0 18. Sept. |

[1]) Die Korrekturen wurden bereits angebracht: $B_c = -0,61$ mm und $G_c = -0,21$ mm.
[2]) Ombrometer-Aufstellungen nördlich und südlich vom Observatoriumsgebäude.

*Für* die Fertigstellung dieses Jahresberichtes haben folgende Firmen in dankenswerter Weise Druckkostenbeiträge geleistet:

AEG-AUSTRIA — Der ANKER, Allgem. Versicherung AG. — ARAL-AUSTRIA, GmbH. — Ing. Karl Bitz, GmbH. — Custodis Alphons, Industrie-Ofen- u. Feuerungs-Bau, GmbH. Dipl.-Ing. H. Durst — ELIN-Union, AG. — Erzhütte, AG. — Europäische Reisegepäcksversicherung, AG. — Friedrich GLATZ — F. M. Hämmerle — Maschinenfabrik HEID, AG. — Kreditstelle der Stadt Wien — Langbein-Pfannhauser Werke, AG. — Mannheimer Versicherungsgesellschaft — MATRA, Ges. m. b. H. — Dr. Robert Metzger u. Co., Waggonleihanstalt, GmbH. — Minerva, wissenschaftl. Buchhandlung, GmbH. — Österreichische Nationalbank — ODOL-WERKE WIEN, GmbH. — Pan American World Airways Inc. — Polkarbon, Österr. Kohlenhandelsgesellschaft — Prohaska u. Cie. — Rauscher u. Co. — SAMUM-Vereinigte Papierindustrie — Schaffler u. Co. — Schmidtstahlwerke, AG. — SHELL-AUSTRIA, AG. — STÖLZLE, Glasindustriegesellschaft — STUAG, Straßen- u. Tiefbau, AG. — Österreichische Tabakwerke, AG. — Vedepha GmbH. — Verband der österreichischen Zuckerindustrie — Vereinigte Wiener Metallwerke, AG. — WEISS-MÖBEL- u. Einrichtungshaus

Wirkliche Erholung auch nach kurzem Schlaf

# SEMPERIT
## SCHAUMMATRATZEN
### für Schutzhütten

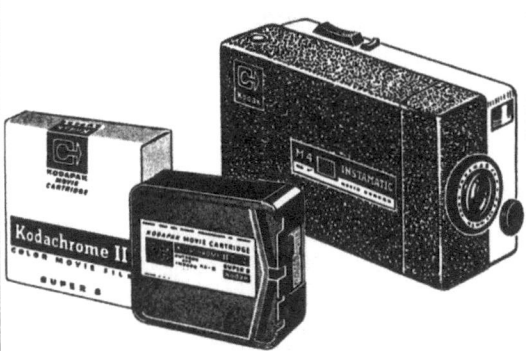

**KODAK INSTAMATIC**
Film-Cameras

**KODACHROME II**
Super-8 Film

**Der einfachste Weg zu schönen Filmen!**

· DAS SPITZENERZEUGNIS ·

Magnetophonband BASF

DAS BAND AUF DAS DIE WELT HÖRT

ZU BEZIEHEN DURCH DEN FACHHANDEL

*Elias*

JERSEY STOFFE
DAMENKLEIDER
Wien 1, Bauernmarkt 9

büll+ertel

Ihr Fachberater für
- Gabelstapler — Steinbock, Esslingen, Sichelschmidt, Valmet
- Müllverbrennungsanlagen — Skorstens
- Kehrmaschinen — Geka, Broddway
- Schneeräumgeräte — Sicard
- Hebezeuge — Wilhelmi, Verlinde, Köster
- Räder und Rollen — Haco
- Förderanlagen — Schenck
- Waagen — Schenck
- Portalhubwagen — Valmet

**Büll + Ertel OHG** Fördertechnik
Maschinenhandelsgesellschaft

Wien 9, Porzellangasse 4

Tel. 34 26 23 △          FS: 07/5132

20 Berggipfel in Österreich
erreichen Sie
SCHNELL — SICHER — BEQUEM
MIT SEILBAHNEN
hergestellt
von der Arbeitsgemeinschaft

**SIMMERING - GRAZ - PAUKER A. G. -
POHLIG A. G.**

SIMMERING - GRAZ - PAUKER A. G.
Zentrale:
1070 Wien 7, Mariahilferstraße 32
Tel.: 93 35 35,  Draht: Esgepe Wien
FS.: 01-2767

Untersberg-Seilbahn, Salzburg

überall

**MIKROFONE**

Wein ganz groß
Wein von
*Lessner & Kamper*

---

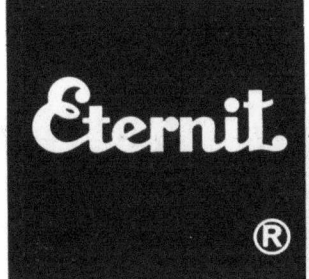

DACHPLATTEN
FASSADENPLATTEN
WELLPLATTEN
GROSSTAFELN
FENSTERBÄNKE
ABFLUSSROHRE
ENTLÜFTUNGSROHRE
KANÄLE FÜR LÜFTUNGSANLAGEN
MÜLLABWURFANLAGEN
KANALROHRE
MANTELROHRE
FÜR FERNHEIZLEITUNGEN
DRUCKROHRE
SÄULENROHRE
PFLANZENGEFÄSSE
GARTENARTIKEL

**ETERNIT-WERKE LUDWIG HATSCHEK**
1090 WIEN IX, MARIA-THERESIEN-STRASSE 15
VÖCKLABRUCK-OBERÖSTERREICH

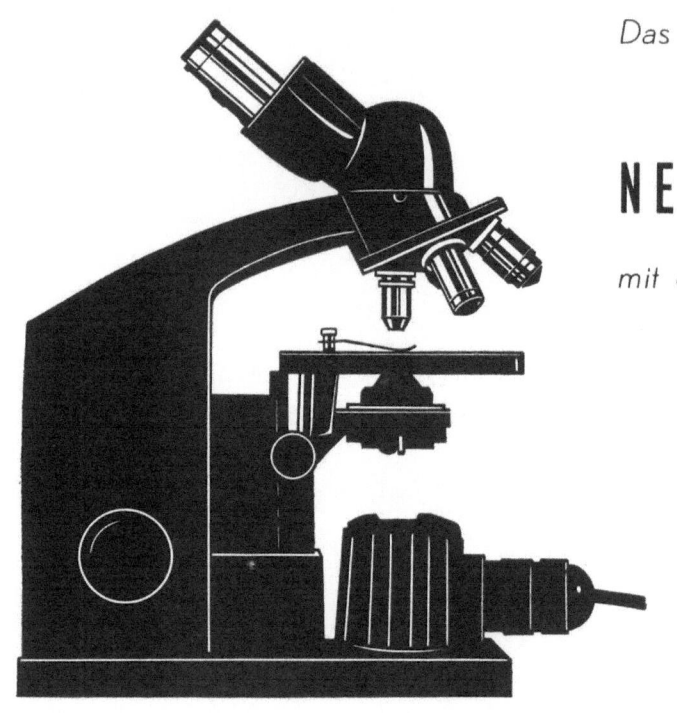

Das neue
REICHERT Mikroskop

## NEOPAN

mit dem Simultantrieb

Exklusiver
Repräsentant eines
neuen Stiles
im Mikroskopbau

---

# Eis und Schnee
## Sonne und Regen
### Wind und Wetter

allen Naturgewalten müssen die alpinen Bauten widerstehen

Deshalb für alle Holzteile nur die
**XYLAMON-PRÄPARATE,**
denn

| **XYLAMON HÄLT HOLZ GESUND!** |

Alle technischen Aufschlüsse und Bezugsquellennachweis bei den
**EBENSEER SOLVAY-WERKEN**

1015 Wien I, Parkring 12      Telephon 52 45 06

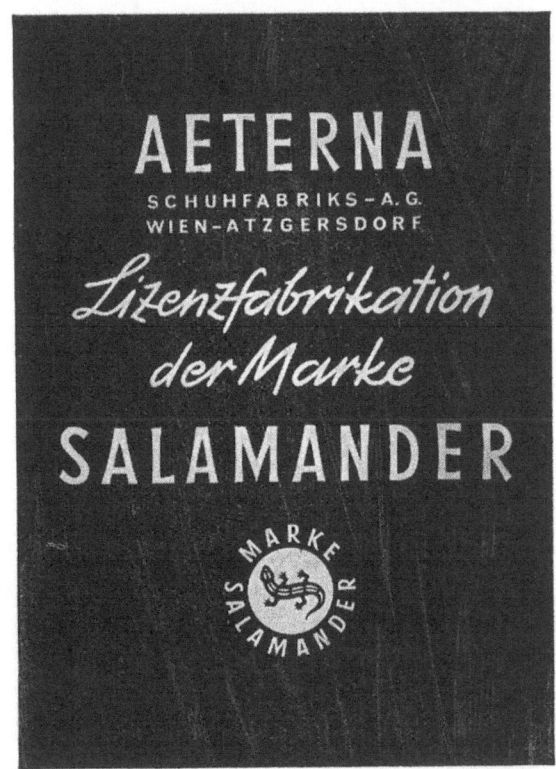

SPRINGER-VERLAG / WIEN · NEW YORK

# Archiv für Meteorologie Geophysik und Bioklimatologie

Herausgegeben von

Dozent Dr. W. MÖRIKOFER
Physikalisch-Meteorologisches Observatorium,
Davos

Professor Dr. F. STEINHAUSER
Zentralanstalt für Meteorologie und Geodynamik,
Wien

## SERIE A

### Meteorologie und Geophysik

BAND 15, 2. HEFT

Mit 40 Textabbildungen. 136 Seiten. (Abgeschlossen im Dezember 1965). 1966.
S 420.—, DM 66.60, $ 16.65

**Inhalt:** Sawada, R.: The Effect of Zonal Winds on the Atmospheric Lunar Tide. — Cehak, K.: Zehnjährige Mittelwerte der meteorologischen Elemente in der freien Atmosphäre bis 30 km über Wien. — Reuter, H., und K. Cehak: Zur Luftverunreinigung durch turbulente Diffusion. — Fett, W.: Zusammenhang zwischen Niederschlag und Mondphase in Deutschland. — Giovinetto, M. B., and W. Schwerdtfeger: Analysis of a 200 Year Snow Accumulation Series from the South Pole. — Buchbesprechungen.


## SERIE B

### Allgemeine und biologische Klimatologie

BAND 14, 2. HEFT

Mit 34 Textabbildungen. 144 Seiten. (Abgeschlossen im September 1965). 1966.
S 490.—, DM 78.—, $ 19.50

**Inhalt:** Buettner, K. J. K., and N. Thyer: Valley Winds in the Mount Rainier Area. — Ambach, W.: Untersuchungen des Energiehaushaltes und des freien Wassergehaltes beim Abbau der winterlichen Schneedecke. — Flach, E.: Klimatologische Untersuchung über die geographische Verteilung der Globalstrahlung und der diffusen Himmelsstrahlung. — Schönbächler, M.: Zur Albedomessung auf Gletschern. — Wartena, L., C. L. Palland and A. Koetsier: Some Experiences on the Measuring of Long-wave Radiation Fluxes. — Kasten, F.: A New Table and Approximation Formula for the Relative Optical Air Mass. — Hadas, A.: Über die mittlere lineare sukzessive Differenz und ihre Anwendung auf die Untersuchung meteorologischer Beobachtungsreihen. — Buchbesprechungen.

Zu beziehen durch Ihre Buchhandlung

If you have any concerns about our products,
you can contact us on
**ProductSafety@springernature.com**

In case Publisher is established outside the EU,
the EU authorized representative is:
**Springer Nature Customer Service Center GmbH
Europaplatz 3, 69115 Heidelberg, Germany**

Printed by Libri Plureos GmbH
in Hamburg, Germany